水下万象

——水下生物的多彩世界

文旭先 主编

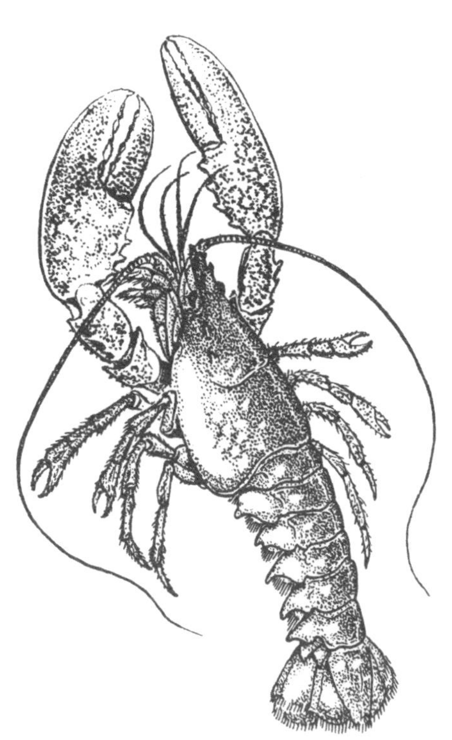

成都地图出版社
CHENGDU DITU CHUBANSHE

图书在版编目（CIP）数据

水下万象：水下生物的多彩世界 / 文旭先主编 .
成都：成都地图出版社有限公司，2024.9. -- ISBN
978-7-5557-2543-5

Ⅰ. Q178.535-49

中国国家版本馆 CIP 数据核字第 20242YR313 号

水下万象——水下生物的多彩世界

SHUI XIA WANXIANG——SHUI XIA SHENGWU DE DUOCAI SHIJIE

主　　编：文旭先
责任编辑：赖红英
封面设计：李　超

出版发行：成都地图出版社有限公司
地　　址：四川省成都市龙泉驿区建设路 2 号
邮政编码：610100

印　　刷：三河市人民印务有限公司
（如发现印装质量问题，影响阅读，请与印刷厂商联系调换）

开　　本：710mm × 1000mm　1/16
印　　张：10　　　　**字　　数**：150 千字
版　　次：2024 年 9 月第 1 版
印　　次：2024 年 9 月第 1 次印刷
书　　号：ISBN 978-7-5557-2543-5

定　　价：49.80 元

前言 Foreword

表面一片空旷，甚至略显荒芜的海洋，其实是个熙熙攘攘、五彩斑斓的生命世界。海洋从出现最原始的生命开始，到现在已有 40 多亿年的历史了。从最初的单细胞生物（如盐生小球藻）到地球上现存的最庞大动物（如蓝鲸），在几十亿年的生命演化过程中创造出了丰富多彩的海洋生物世界。由于探测难度相对较大，我们对它的了解仅仅是冰山一角。

在浩瀚的海洋里有各种各样的生物，包括海洋动物、海洋植物、微生物等，其中海洋动物包括海洋原生动物、海洋无脊椎动物和海洋脊椎动物。原生动物是一类体型微小的单细胞海洋动物，如放射虫等。无脊椎动物包括各种螺类和贝类；脊椎动物包括各种鱼类和大型海洋动物，如鲸鱼、鲨鱼等。海洋生物富含易于消化的蛋白质和氨基酸。食物蛋白的营养价值主要取决于氨基酸的组成，海洋中鱼、贝、虾、蟹等生物的蛋白质含量丰富，还富含人体所必需的氨基酸，尤其是赖氨酸含量比植物性食物高出许多，且易于被人体吸收。科学家正在进行一项“海洋生物普查”计划。海洋生物普查科学委员会主席、美国路特葛斯大学的弗雷德里克·格拉塞尔说：“这是 21 世纪第一场伟大的发现之旅的开始。更重要的是，这是第一次全球性的努力，去测量海洋的各种生物，也让我们知道我们应该做些什么去防止海洋生物继续消失。”海洋至今依旧是有待探勘的领域，我们对海洋孕育的生物的了解极为有限。海洋生物普查科学委员会首席科学家罗纳尔德·多尔说：“海洋生物的多样性不只是海洋状况的重要指针，同时也是保护海洋环境的关键。”

我国海域的海洋生物，按照分布情况大致可以分为水域海洋生物和滩涂海洋生物两大类。在水域海洋生物中，鱼类、头足类（例如我们常吃的乌贼，也叫墨鱼）和虾蟹类是最主要的海洋生物。其中鱼类的品种最多、数量最多，是水域海洋生物的主体。

本书详细地介绍了海洋里各种动植物的各种特征和生活习性，指引我们感受海洋的神奇，探索大自然的奥秘。

contents 目录

两栖类爬行动物

水下哺乳类动物

一滴水，晶莹剔透，肉眼看上去，里面什么也没有，把它放到显微镜下，嘿，真是神奇。看啊，有的像闪光的“表带”，有的像细长的“大头针”，有的像扁平的“圆盘”，有的甚至像精致的“铁锚”……令人眼花缭乱。这些是什么呢?

水中无形的“化工厂”——细菌

细菌是单细胞的微小原核生物，是微生物的一大类。细菌对人类活动有很大的影响。

在海洋中的绝大多数细菌对海洋是有益的、不可缺少的，它们形成了一座巨大的无形的“化工厂”——分解海洋动物、植物的尸体，把有机物转变为无机物。这种分解和转变对海洋生命来说是极为重要的。假如没有这些细菌，海洋中的植物、动物也都活不成了，但这种状况是不会发生的，因为这座无形的“化工厂”每时每刻都在生产植物、动物所需要的各种元素。

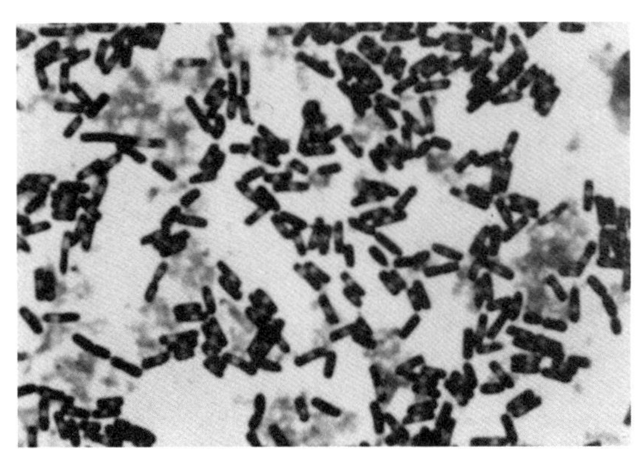

△ 细 菌

植物要靠光合作用来生存和繁殖，要吸收海水中的养料盐类来维持生活。当海水中的氮、磷元素少到一定程度时，光合作用就无法进行，植物就难存活。假如养料盐类得不到补充，那海洋生物会因缺食而绝迹。不过，只要有庞大的细菌群体存在，这种事情就不会发生。因为这些细菌有明确的分工，各司其职——腐败细菌把动植物的尸体分解成氨和氨基酸，硝化细菌将氨和氨基酸氧化成为硝酸盐，硝酸盐是浮游植物制造有机物必须吸收的营养物质。这个“化工厂”里还能生产出动植物需要的磷酸盐和大量植物需要的二氧化碳、氨和水。细菌还会参与海洋的化学变化，使一些化合物沉到海底。因此，海底沉积物的性质和分布，与细菌大有关系，尤其是海底石油，要是没有细菌的活动是无法形成的。

基本小知识

光合作用

光合作用是一系列复杂的代谢反应的总和，是生物界赖以生存的基础，也是地球碳氧循环的重要媒介。

细菌还能利用酶这个惊人武器，帮助动物消化。许多动物肠子里，1 毫升食物中就有几百万个细菌，形成庞大的“食品加工厂”。

可见，细菌是海洋中不可或缺的成员。

在不同的区域、不同的环境，细菌也是千差万别的。比如，公安系统的专家们，也常常利用细菌来破案。有的犯罪分子会在海上把人杀死，把尸体弄到陆上，或者在陆上杀死后，把尸体抛到水中。公安人员只要取出死者胃中或腹腔里的水体进行化验，真相就能大白。海水中有大量硅藻菌，如果死者胃中或腹腔里存在这种微生物，那么作案现场就是在水上。小小的硅藻菌使许多犯罪分子阴谋败露而落入法网。

你知道吗

·浮游植物·

浮游植物是具有色素或色素体，能吸收光能和二氧化碳进行光合作用，制造有机物，营浮游生活的微小藻类的总称，是水域的初级生产者。

地质学家的朋友——有孔虫

在海洋中还生活着成千上万种浮游小动物，可以说在海中它们无处不在，在这奥妙无穷的海洋世界里，有着它们的天地。它们中的许多成员神通广大，就拿有孔虫来说吧，它成了地质学家的朋友，能揭开海陆演变的历史。

有孔虫广泛地分布在世界各个海洋中。它是个大家族，据统计，有孔虫有 1 000 多属、3 万多种，并且还以每天增加 2 个新种的速度飞快增长着。

有孔虫的全身由 1 个细胞组成，它只有海边 1 粒沙子般大小，在显微镜下形态各异，有瓶状、螺旋状、透镜状等。

有孔虫的最大特点，是祖祖辈辈都以水为家，生生死死都不离

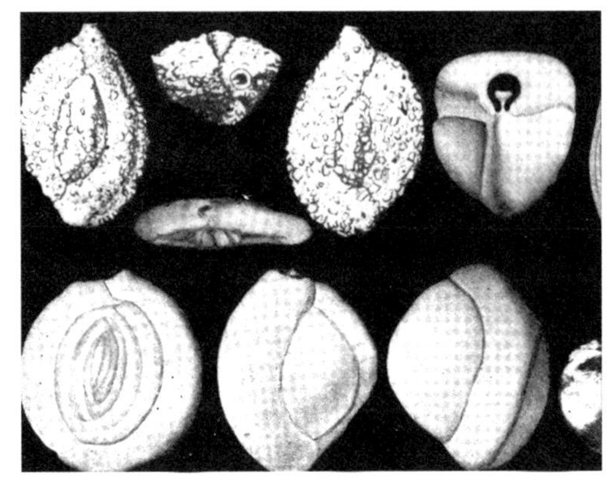
有孔虫

开水。没有水的地方，找不到它的踪影。有孔虫活着的时候在哪里繁衍、嬉戏，死亡之后就“埋葬”在哪里。有孔虫就是海洋发展最有力的见证者。

有孔虫这一特点，被地质学家看中和利用。许多沧海桑田巨变之谜，都是有孔虫揭开的。江苏南通到连云港一带，过去有不少地质学家有争论，不少人认为过去大海光临过这里。为了证明这一点，科学家终日辛苦，到处寻找埋藏在这一带海底下的旧时遗址，然而却一无所获。后来科学家在几十米的地下，发现埋藏着大量有孔虫化石。由此证明，距今10万年前后，古黄海到达了南通—盐城—连云港一线，从而证明那时的黄海要比今天大得多。

“大海测深计”——介形虫

有一种介形虫，它虽然只有0.5~1毫米大小，却被科学家喻为“大海测深计”。

为什么它有这个称号呢？原来它有一种特殊的本领，不同的介形虫，生活在不同的大海深度里。浅海里的介形虫绝不会到深海中去，深海中的介形虫也绝不会到浅海中去。地质学家就利用它这一特性来测量大海的深浅。科学家发现，在黄海西北部，有一种中华丽花介形虫，专门生活在0~20米深的海水中；在黄海北部，有一

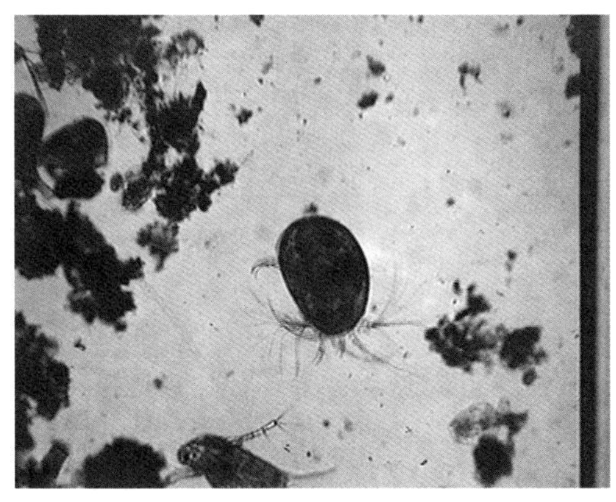
▲ 介形虫

种穆赛介形虫，专门生活在20～50米深的海水中；在黄海东部，有一种克利介形虫，专门生活在50米海深以下。这些介形虫尽管五花八门，但它们都严格居住于各自的水深区，绝不互相乱窜。所以科学家找到不同的介形虫，就能画出一幅简单的海底地形图。

介形虫不但可以用于测出大海深度，利用它的遗体和化石，还能追踪历史变迁的踪迹。例如，考古学家曾就地中海和大西洋古时到底是否连接在一起争论几百年，谁也说服不了谁，因为缺乏证据，再精密的仪器也无法回答。如今，地质学家发现了一种深海角介形虫，它只能生活在深海，但在地中海的陆地沉积物中却有多处发现，这证明在几千年前，地中海是大西洋的一部分，水深可达几千米，是后来沧桑巨变形成了地中海。

介形虫种类很多，已知的有2 500余种，多呈三角形、圆形、梯形等，所有海洋中都有它的分布。

你知道吗

·介形虫·

介形虫是生长在水域中的无脊椎动物。找石油总少不了它。因为在陆地或海洋的沉积物中，介形虫的模样不一样。凭着这样一些不同形状、花饰的介形虫，石油地质工作者就能判断深到几千米钻孔内的地层时代，通过许多钻孔资料的综合分析，就能掌握油田含油地层的分布规律。

具纤毛的单细胞生物——纤毛虫

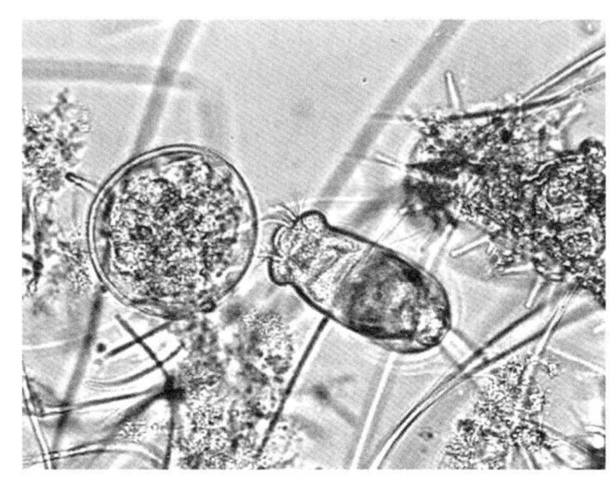
纤毛虫

具纤毛的单细胞生物，通常指纤毛亚门的原生动物，约有 8 000 个现存种。纤毛是其行动和摄取食物的短小毛发状小器官，通常呈行列状，可汇合成波动膜、小膜或棘毛。绝大多数纤毛虫具有一层柔软的表膜和近体表的伸缩泡，有些有丝泡、毒囊或菌囊等小器官，其功能尚不清楚。大部分纤毛虫自由生活和水生生活，但有些种类，如可致痢疾的肠袋虫属则是寄生的，还有许多种类是在无脊椎动物的鳃或外皮上共栖生活。纤毛亚门可能是一个高度特化的类群，仅有一纲——纤毛纲，并以纤毛为依据分成 4 个亚纲：全毛亚纲、缘毛亚纲、吸管亚纲和旋毛亚纲。

广角镜

·肠袋虫属·

肠袋虫属，体卵圆形或后端窄、前端加宽。伸缩泡 1 个或多个。全身覆盖着纵列的纤毛。常寄生于猪、猿等动物肠道内。

纤毛虫属纤毛门，大多数纤毛虫在生活史的各个阶段都有纤毛，以纤毛为运动细胞器。纤毛在虫体表面有节律地顺序摆动，形成波状运动，加之纤毛在排列上稍有倾斜，因而推动虫体以螺旋形旋转的方式向前运动。虫体也可依靠纤毛逆向摆动而改变运动方向，如向后移动等。

纤毛虫具有大核和小核各一个，偶尔也可见到几个小核，以二分裂法增殖或接合生殖。前者采取无丝分裂，后者为有丝分裂。接合生殖时，遗传特征由小核传递，但也有证据表明大核可能含有决定虫体表型特征的因子。在虫体的近前端有一明显的胞口，下接胞咽，后端有一个较小的胞肛。

纤毛虫作为原生动物中特化程度最高且最为复杂的一门，是一大类通常行异养的单细胞真核生物，具有高度的形态和功能多样性。其个体长度大多为 20 ~ 200 微米，分布极为广泛，常见于海水、淡水、土壤等多种（含极端）环境中，有包括人类在内的多种宿主。目前，全球已知的纤毛虫中，逾 1/3 生活在海洋中。

纤毛虫具有以下 3 个区别于其他原生动物的典型特征。

（1）通常终生，或生命周期的某个时期生有纤毛，用以运动及辅助摄食。纤毛由毛基体发出，可形成列或簇等特征性图式，与相连的微管及纤维系统，统称为“纤毛图式”，是现代分类学的主要依据。

（2）具两型核，即细胞核由司营养的多倍体大核和司生殖的二倍体小核组成。

（3）大多具有摄食用的胞口，其内通常附有复杂的口纤毛器；吸管虫类则以吸管为摄食胞器，而某些寄生类群则完全缺失胞口。

纤毛虫是几乎所有生态系统中的重要功能类群，而某些种类却是赤潮成因及海洋经济动物的致病原。我国具有丰富的海洋纤毛虫种类，但该类群在历次海岸带资源调查中均为缺项，许多生境（如海洋底栖）中的纤毛虫研究仍为空白。目前国内记录的海洋纤毛虫仅约300种，大量物种尚有待发现。

对纤毛虫的生物多样性与分类学进行研究，不仅有助于了解该类群的构成与分布，从而进行有效的资源开发与环境保护，而且将为解答有关生命起源与进化、核质关系以及微型生物的物种概念等基本生物学问题提供独特的研究材料。

拓展阅读

·赤　潮·

赤潮是海洋中一些微藻、原生动物或细菌在一定环境条件下爆发性增殖或聚集达到某一水平，引起水体变色或对海洋中其他生物产生危害的一种异常生态现象。

“生物温度计”——放射虫

放射虫是一种单细胞的原始微小动物，只有0.2～0.3毫米大小，目前科学家已经查明的有6 000种。

为什么放射虫被生物学家喻为“生物温度计”呢？是它的特殊生活习性，使它成为一种卓有成效的生物温度计。因为放射虫对水温有严格要求，它分为暖水种和冷水种。暖水种只生活在炎热的赤道大洋区或温热的暖流区，冷水种只能分布在远离赤道的北纬40°附近。水温就像是一道道围墙，把放射虫牢牢圈在各自生活的天地内。因此，从放射虫的分布，就能看出大洋中各处水温的分布。肉眼难见的放射虫，就这样忠实地记录着大洋温度的变化。

放射虫的这一特殊习性，被地质学家加以利用，成了他们考查古海洋温度的证据。因为堆积在海底的放射虫，本身就是一份古海洋水温变化的原始记录。当水温升高时，堆积的放射虫自然是暖水种；当水温降低时，堆积的放射虫应该是冷水种。

科学家们对太平洋北部喀斯喀特盆地35 000年以来的水温变化进行了研究，他们就是从放射虫身上找出这一地区的水温曲线图的。35 000～12 000年前，全球处于寒冷的冰河时代，海区中的放射虫不仅以冷水种为主，而且数量剧减。12 000年以后，全球冰期结束，进入温暖的气候期，此时海水中的放射虫又以暖水种数量剧增为特征。放射虫对水温变化的反应既灵敏又准确。

可见，放射虫既帮助着人们了解古海洋温度变化，又记录着今天海洋温度变化，它是海洋温度记录的信息库。

知识小链接

放射虫

放射虫是一种具有轴伪足的海生单细胞浮游生物，属原生动物门辐足纲放射虫亚纲。形体微小，一般直径为0.1～0.5毫米，少数可超过1毫米。细胞内有一中心囊，分细胞质为囊外、囊内两部分。伪足从囊外部分伸出。一般为无性生殖，少数放射虫分裂后的细胞附连在母细胞上，形成单细胞群体。

水下植物

SHUI XIA WANXIANG

水中和陆地一样，既有动物，也有植物。水下植物有数千种，绝大多数是藻类。海藻大致可分为两大类。一类是在水中浮游生活的浮游藻类。它们个体很小，主要是一些单细胞藻类，以硅藻和绿藻为主。浮游藻类体态轻盈，随波逐流，在辽阔的海洋中，凡有光线的地方就有浮游藻类的足迹。第二类是大型的底栖藻类。它们用假根附着在海底或岩石上，直接从海水里获得营养物质，它们种类、形态多样。

海底森林

在北美洲阿拉斯加到洛杉矶之间的沿海一带，在水深 5.25 米的海底，生长着一种外形非常奇特的海藻，叫留氏海胞藻。它是一年生的海藻，一般长 40 ~ 50 米，最长可达 90 米。它虽然很长，但“茎”很细，直径只有 1 ~ 2 厘米，末端还有一个引人注目的气囊。气囊内盛满了混合气体，主要是一氧化碳，其容量可达数升。气囊的顶部有一排叉状分枝的短柄，短柄上生长着32～64片“叶片”，这些“叶片”的长度可达3～4米。“茎”的基部有一较小的固着器，固着器具有稠密的叉状分枝，将藻体固着在海底的岩石上。整个藻体好像一只系着无数缎带的气球，随波荡漾在海洋里。因此，它又被称为缎带藻、气囊藻等。

海　藻

在南太平洋沿岸低潮线以上较深的海底，生长着一种外形酷似一棵“树”的海藻，它的躯干直立，高度约3～5米，粗细与人的大腿相仿。“树干”上部具有不规则的二叉分枝。在繁多的分枝上，向下垂着约1米长的“叶片”。基部有根状的固着器，将藻体牢牢地固着在岩石或其他基质上。它单生或丛生，有时能够形成相当规模的海底森林。在高潮或半潮期间，整个“森林”都沉浸在水中，退潮以后，上部“枝叶”才能露出水面。

在北美洲，从美国的加利福尼亚到加拿大的温哥华岛沿岸，生长着一种像热带棕榈树的海藻，它的“茎”较粗，中空而富有弹性，看上去如同一根表面光滑的橡皮管子。

广角镜

·半　潮·

半潮是在任一指定的涨潮或落潮过程中，海面到达低潮至高潮或高潮至低潮的居中潮位时的潮汐状态。

“茎”的上端有短短的叉状分枝。在分枝上，向下垂着100～150片狭长的叶子。在“茎”的基部，有一个较大的半球形假根固着器，把整个植物体牢牢固定在岩石上。这种海藻像高山上的青松般挺立于中潮带或低潮带的岩石上，能够经受较大风浪的冲击。

虽然海底森林在人们的视野里是洋洋大观，但构成海底森林的大型藻类其内部结构却十分简单。整个藻体可以统称为叶状体，没有真正的根、茎、叶的分化，与高等植物有着根本的区别。由于大型海藻具有柔软的身躯，所以能屈折自如，随意摆动。大风大浪虽然能把海岸、码头损坏，却损坏不了这些海底森林，在近岸，它们起到了天然防波堤的作用。

海洋覆盖了地球表面积的71%，是生命的摇篮，也是资源的宝库。海洋生物的种类达16万种之多，目前得到开发的仅占1%。随着世界人口的激增和耕地的减少，加之陆地资源的日益枯竭和环境污染的日益严重，人们不得不将目光转向海洋这个资源宝库。

在海洋生物资源中，海藻占据着重要地位。海藻对温度的适应能力极强，因而世界各大洋几乎都有海藻分布。海藻主要靠阳光和海水里的营养盐类生活，是海洋里有机物的生产者。海藻储备的有机物相当于陆地植物的4～5倍。海藻的增殖量极大，据统计推算，海洋藻类每年的增长量约有1 300亿～5 000亿吨。海藻还是最基本的生命物质——脂肪酸的供应者，海藻中含有20多种脂溶性的和水溶性的维生素，其中包括有浓度特别高的维生素B_2、维生素C，还有在一般植物中没有的维生素B_{12}，也含有少量金属元素。海藻除含有高能量的碳水化合物之外，还含有相当高的蛋白质及抗细菌、真菌、病毒、肿瘤和辐射的各种生物活性物质。目前，世界各国都在加紧开发海藻这个天然资源，海藻的利用范围和价值在不断扩大和提高。

人类食用海藻的历史源远流长，已有上万年的历史。我国的古书《救荒本草》中，就有晋朝大旱之年人们采集藻类植物充饥的记载。新西兰、澳大利亚、爱尔兰、苏格兰和法国等国家食用海藻也有很长的历史。海带、紫菜、鹿角菜、裙带菜、石花菜等是最普遍、最常用的海藻食品。据测定，海带内含褐藻酸 24.3%、粗蛋白 5.97%、甘露醇 1.13%、灰分 19.36%、钾 4.36%、碘 0.34%；裙带菜的干品中含粗蛋白 11.26%、碳水化合物 37.81%、脂肪 0.32%、灰分 18.93%，以及其他维生素。现在，海藻的利用不断有新突破，人们利用海藻能制造出许多花样翻新的食品。国外用海藻制成的食品已有 200 多种，如海藻面条、海藻冰淇淋、海藻酸奶、海藻罐头、海藻点心等。在一些国家，还使用海藻做成美味和易于消化的宇宙食物。近年来，我国推出的绿藻补碘面条，也是一种大众化的海藻食品。

海藻中所含的蛋白质、脂肪和碳水化合物大大超过谷物和蔬菜，如褐藻和红藻平均含蛋白质 20%，绿藻的蛋白质含量高达 45%，而荞麦和小麦的蛋白质含量则分别只有 9% 和 14%。海藻中某些维生素的含量也超过许多蔬菜和水果，如海带中维生素 B_2 的含量是土豆的 200 倍、胡萝卜的 40 倍。随着科技的发展，海藻的食用价值将进一步被开发和利用。

广角镜

·琼　胶·

琼胶，通称洋粉或洋菜，是用海产的石花菜、江蓠等制成。为无色、无固定形状的固体，溶于热水。可冷食，也可在实验室作细菌的培育基。

除食用外，海藻自古以来还被作为牲畜的补充饲料。在波罗的海沿岸国家，人们每年都把数以千吨的海藻直接用作牲畜的饲料，或作为生产饲料和肥料的原料。在澳大利亚沿海，每当潮水退去后，人们就把大批牛羊赶到岸边来吃海藻，牛羊长得膘肥体壮。不少国家用海藻与其他饲料相拌，喂养猪、牛、鸡，获得可喜的成果。

海藻还是重要的工业原料。从石花、江蓠、麒麟菜、伊古草中可以提取琼胶，琼胶可广泛用于生物科学、工业和医药制造等领域，在实验室用琼胶作培养基可培养各种细菌和微生物；在食品工业领域，用琼胶来生产果酱、乳脂、汤、肉膏、水果汁、水果膏等；在香水和化妆品制造中，琼胶是不可缺少的；在医药工业中，琼胶被用来制造药物，如乳剂、散剂、胶囊、膏丸里面都含有不同分量的琼胶。

从海带、马尾藻、巨藻、海囊藻、羽叶藻等海藻中可以提取褐藻胶。褐藻胶具有广泛的用途。在食品工业上，褐藻胶可用于制造肠衣、包装食品、做汤和点心的添加剂，加到啤酒中可使啤酒长期储存而不变浑。在医药上，褐藻胶可作为补牙的牙模，制药片时加入褐藻胶可使药在胃中很快分解，褐藻胶也可作为生产胰岛素进行离子交换的介质。褐藻酸钙线是一种可被人体吸收的材料，用它缝合伤口不用拆线。用褐藻胶可以生产人造革、油布和硫化硬化纤维素，还可用它在混凝土建筑和公路建筑中隔热。褐藻胶也用于生产纸张和薄纸板、不透水的纺织物和水彩颜料、火柴头及电焊条包皮。把褐藻胶添加到蒸汽锅炉用水中，炉内就不会产生锅垢。在人工造林方面，把树苗的根放到褐藻胶溶液中浸泡一下，不但成活率高，而且栽上以后长得比一般的树苗还要快。

从许多海藻中还可以提取钾、碘、甘露醇、甲烷、乙醇、轻油、润滑油、石蜡、橡胶、塑料等多种工业产品，而且海藻作为一种新

的生物能源，为解决未来的能源问题开辟了一条崭新的途径。美国的海洋科学家在离圣地亚哥大约100千米处建立了一个水下种植场。在深12米的海水中，科学家们人工移植了一种巨型褐藻，它一天能生长60厘米，含有丰富的有机物质。据研究，只需借助于某种细菌，就可以把这些有机物质转变成可燃气体——甲烷；还可以采用简易的加热法，把它们变成“类石油”产品。据有关专家计算，一个面积为40平方千米的水下种植场，能够为一个5万人口的小城市提供需要的全部石油。随着世界能源的日趋紧张，海藻必将成为能源家族中不可忽视的成员。另外，海藻还具有较高的药用价值。

藻中之王——巨藻

海底森林中还有一种巨藻，是藻类中最大的一种。有关资料记载，巨藻最高可达100余米，有的可达500米，被称为“藻中之王”一点也不过分。

巨藻分布在太平洋沿岸、非洲南部沿岸、大洋洲沿岸。这种巨藻的茎不像陆地杉树那么粗，而是很细的，一般直径只有2厘米，但韧性很强，在水中曲折摆动。叶片长40～100厘米，表面粗糙，边缘有锯齿，茎部有气囊，而且有一短柄与茎相接。气囊会使叶片漂浮于水面，以利于进行光合作用。茂密的“叶片”能覆盖很大一片海区，有时可达数百平方千米，形成一个相当可观的褐色藻蓬。

巨藻是多年生植物，生命期可达12年。巨大的藻林不但能使海域植物众多，而且也吸引了大批腹足类、甲壳类和无脊椎类动物，成了它们的天堂，同时也是经济鱼类的栖息地，对保护渔业资源很有利。

▲巨　藻

巨藻还具有重要经济价值。它含有丰富的蛋白质和多种维生素及矿物质，不但可以食用，也是重要的饵料和饲料来源。在工业上用途广泛，可提取多种药物，也可用于橡胶、塑料等多种工业产品中，在国防军工上也有重要用处。近年来，它引起科学家的极大兴趣，科学家把它当成了未来人类解决食物和能源的“宝贝”。

巨藻科的所有种类，都属于冷水性海洋植物，大多生长在寒带和亚寒带，但在亚热带和热带也能生长。巨藻多在沿岸较深的海底生长。巨藻都是用孢子繁殖后代的，所以称为孢子植物。巨藻内部构造十分简单，只有叶状体，外部看去有根、茎、叶之分，实际上没有。这种巨藻，我国科学家已从墨西哥引种成功，分布于辽宁大连、山东长岛等附近海域，生长在潮下带浅海区的岩石上。

一望无边的“海上草原”——马尾藻

海底有“森林”，海上也有“草原”。1492 年 9 月 16 日，哥伦布率领探险队正在茫茫的大西洋上航行。忽然值班人员大声地叫喊起来：“船长，前面有片大草原，快来看啊！”哥伦布一听感到奇怪，举目一看，发现远方的确出现了一片郁郁葱葱的大草原，几乎望不到头。哥伦布兴奋地说："我们发现新大陆了！"他欣喜若狂地下令船队快速前进。但是，当他们驶近"草原"时，不禁大为失望，原来这并不是什么"草原"，而是无边无际的海藻。更奇怪的是，这一带海面风平浪静，宛如幽静的内地湖泊一般。哥伦布凭着多年的航海经验，感到处境危险。

马尾藻

15 世纪时的船没有动力机器，完全靠风帆作动力，空中没有风，海上全是茂密的草，船无法前进，哥伦布只好下令开辟航道。他们花了 3 个星期的时间，用刀割，用手捞，用人力划船，硬是冲出了这可怕的"草原"。大家欢呼雀跃，好像是逃出了魔鬼海一样。哥伦布把这片海命名为"萨加索海"，意思是"海藻海"，后来人们把它叫作"马尾藻海"，因为这些海草的模样像马尾巴。

"马尾藻海"是帆船时代船只航行的"坟墓"，曾有大批船只误入其中，而被马尾藻死死缠住。曾经，在这一海区，航海者见到的是阴森凄惨的景象，无数大小船只的残骸横七竖八地露在海

你知道吗

·马尾藻海·

马尾藻海又称萨加索（葡语葡萄果的意思）海，是大西洋中一个没有岸的海域，大致位于北纬 20°~35°、西经 35°~70°，覆盖 500~600 万平方千米的水域。

面，有船底朝天的，有船头翘起的，有尾部朝天的，也有露出半截桅杆的。船到达这一海区，一旦被海藻缠住，就像被魔鬼抱住一样，十有八九要沉没。第二次世界大战期间，一支英国船队进入这片海区，闻到奇臭的海藻令人恶心，伸手去拉海藻会黏手，胳膊等部位被它吸住后都会留下血痕。到晚上，这些海藻会爬上船来。指挥官奥兹明只好叫士兵通宵达旦挥刀跟海藻搏斗，两天两夜才逃出这片“海上草原”。

马尾藻海在美国东部海域，恰好在北大西洋环流中心，众所周知的百慕大三角几乎全在这一海区内。这一海区有 1 000 海里（1 海里约合 1 852 米）宽、2 000 海里长。北大西洋环流绕马尾藻海一圈，大约需要 3 年时间。从东面的亚速尔群岛到西面的巴哈马群岛的广阔海面上，分布着许多块“草原”，总面积达到 450 万平方千米。这些“草原”既蔚为壮观，又奇特得令人费解。为什么会在这片大洋中形成“草原”呢？科学家们经过考察，终于发现这跟大西洋环流有关。这股环流宽 60 ~ 80 千米，深达 700 多米，流速每昼夜 150 千米。环流日夜奔流不息，像一堵旋转着的坚固墙壁，把马尾藻海从浩瀚的大西洋中隔开。大西洋的水几乎流不进马尾藻海，而马尾藻海的水也流不出圈外，形成了一个广阔无垠的水上“世外桃源”。这片“海上草原”像只魔术箱，常常变出一些令人惊奇的现象。科学家们在探测中发现，马尾藻海的海平面，要比美国大西洋沿岸的海平面高出 1 米多，可是令人不解的是，那里的水却始终流不出去。

这些“海上草原”还有遁身法，神出鬼没，时隐时现，有时茂盛的水草突然失踪，有时又突然布满海面，景象神奇而又壮观。

有些科学家把百慕大三角比作一头发怒的狮子，经常发怒，在环流圈外横行霸道；把马尾藻海比喻为一条在环流内冬眠的巨大蟒蛇。前者给人带来恐惧，后者给人以神秘感。别看“草原”恬静而文雅，可是常常隐藏着杀机，“草原”上不止一次发生过莫名奇妙的事……

丰富多彩的“海上菜园”——菜藻

在海藻植物中，还有很多是人们餐桌上的菜肴，我们最常见的就有3种：海带、紫菜、裙带菜。还有供海味凉拌的各种海藻制造的胶粉，有细毛石花菜、小石花菜、江蓠、扁江蓠、海萝等，人们把它们誉为“海上菜园”。

平时我们经常食用的海带，又名叫昆布、江白菜，它原产于寒带和亚热带的海岩石上。我国首先在大连海域发现海带，水产专家对其进行研究培养，于1956年南移到舟山群岛，获成功之后又在全国推广。海带开始只能在透明的清海水中种植，在浑水中无法成长。后来水产专家又进行研究，终于解决了这个难题，海带得以在沿岸海域大批种植。

海带喜欢生长在水层较深、水流畅通、水质肥沃、水温较低的海域里，适宜水温为5℃~10℃，在10℃~20℃水温下也能继续生长。每年的11月至翌年5月是海带种植期，而6月至9月是海带盛产期。海带为橄榄色，晒干后成为褐绿色。

种植海带的方法是筏式种植，即在天然的海

拓展阅读

·筏式种植·

筏式种植是一种在浅海水面上利用浮子和绳索组成浮筏，并用缆绳固定于海底，使海藻幼苗固着在吊绳上，悬挂于浮筏的种植方式。

域，让海带藻生长在网、绳索或竿上。以绳索为例，种植时，把海带按一定距离分别夹在绳子上，绳子绕在水中的浮架上，浮架用竹筒或玻璃球作浮子，将绳子两端固定在海底。这样海带就可以吸收海水中的养分而成长。

常吃海带能祛病延年。海带含有3‰～7‰的碘，人体缺碘会引起甲状腺肿大。甲状腺内分泌的甲状腺素，具有兴奋交感神经、促进新陈代谢作用，使蛋白质、糖和脂肪的代谢加快，促进幼儿发育。如果人们在发育期内甲状腺功能衰退，就会发生幼儿呆小症，导致骨骼发育不全、身体矮小、智力差。反之，甲状腺功能亢进，就会产生心悸、发汗、易倦、粗脖子、手指颤动等现象。海带还有降低血压的作用。海带含有甘露醇，可以降胆固醇、防心脑血管硬化。海带碱度大，还可对食物中肉食的酸性起中和作用。海带的褐藻酸有帮助排泄作用，能防止便秘引起的癌症等疾病。

紫菜生长在岩边礁石边上，在紫菜繁盛的地区，整个礁石好像紫色地毯，在阳光下熠熠生辉。这种海菜人们并不陌生，市场上到处可见。它的种类也很多，可分为甘紫菜、长紫菜、皱紫菜、坛紫菜、边紫菜和条斑紫菜等，营养价值都很高，做汤味道鲜美，是我国人民最喜欢的汤菜之一。

裙带菜生命力极强，种植后繁殖很快，一片片，一簇簇，不怕风吹浪打，生机盎然。更可贵的是，每年二三月份是北方蔬菜品种缺乏的月份，而裙带菜却繁殖异常快、味道鲜美，给市场和每户餐桌上带来了补充。

海藻是海味凉粉制作的重要原料。在酷夏，吃上一盘海味凉粉，有清凉解暑之功效。

最常用于制作海味凉粉的海藻叫石花菜，又叫冻菜。多年生，紫色，具有复杂的羽状或不规则的分枝，一般高 10 ~ 20 厘米，常丛生于大潮干线附近，或者是潮下带 5 ~ 6 米的海底。在我国黄海、东海、南海都有生长。石花菜种类也很多，有小石花菜、细毛石花菜、大石花菜和中石花菜等。它也是重要的工业原料，我国利用其生产的琼胶，不但历史悠久，而且畅销国际市场。

制作海味凉粉很简单。首先将石花菜洗净，每 50 ~ 150 克干石花菜加5 ~ 9 千克水，放在锅里熬煮，煮成溶胶后，用纱布过滤在容器内，冷凝后就成凉粉了，加点糖和果汁等佐料，就可以食用了。

除石花菜外，鸡毛菜、仙菜、江蓠等藻类，也可用于制作食用凉粉。这些菜在广大海域沿岸都能生长，一般都长在潮水波及的地方。这些藻类在日本、美国、澳大利亚及非洲也都有生长。

海中不但出产凉粉，而且还能直接生长一种“粉皮”。这种海藻好似一张张紫红色的粉皮，所以人们叫它“粉皮菜”。它主要分布在我国黄海、渤海沿岸，是极好的副食品，每当夏秋生长季节，居民们都忙着去采集。

每到春季，在海边朝阳的岩石上，还生长着一种十分奇特的海藻，形状和颜色像一簇簇牛毛，人们叫它“海牛毛”。它的学名叫海萝藻，既可食用，又是工业原料。

海产植物做的菜实在太多，不可能一一讲解。

前途无量的食品——螺旋藻

在西班牙和墨西哥的一些沿海小镇上的人们，500 年前就用湖里、海里捞起的藻类，做成五花八门的软饼在市场上出售。这种藻，就是螺旋藻。100 多年前，科学家们对这种蓝色或绿色软饼的原

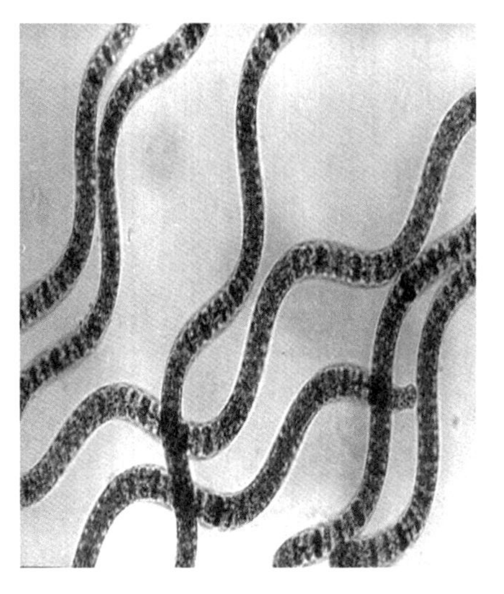
螺旋藻

料——螺旋藻进行研究，结果有一个惊人发现，它的蛋白质含量达其净重的70%。而且科学家还发现，这种藻极易生长，繁殖速度惊人。在许多湖泊和海域，螺旋藻占80%~99%，在一些动物和植物几乎无法生存的地区，它照样能旺盛地生长。

螺旋藻蛋白质含量如此高，说明它的营养价值极高。联合国粮农组织有关专家鉴定后认为，它的氨基酸平衡完全达到理想标准。从螺旋藻中提取的粗蛋白含有蛋氨酸、色氨酸和其他必要的氨基酸，这些氨基酸的含量很高。螺旋藻的蛋白质中只是比较缺乏赖氨酸，但跟其他藻类相比，更适合作食物和牲畜饲料。因为这种藻是原核生物，缺乏高等生物体的细胞结构，其细胞壁主要由纤维素物质组成，这种物质容易消化。

那么螺旋藻为何没有大量推广到人类食品中应用呢？这里有个关键问题需要长期实验观察，那就是螺旋藻核酸含量较高，约占4%，比一般植物高1%~2%，而长期食用核酸可能危害健康。

近30年来科学家主要有以下3点发现：①螺旋藻几乎含有全部色素，有绿素的绿色、类胡萝卜素的红色、叶黄素的黄色、紫黄素的紫色。在饲

你知道吗

·螺旋藻·

螺旋藻属于蓝藻纲，颤藻科。它们与细菌一样，细胞内没有真正的细胞核，所以又称蓝细菌。

养动物时加进螺旋藻，鸡的蛋黄和鲤鱼的肉颜色更深了，更接近自然色。肯尼亚的火烈鸟羽毛呈粉红色，就是因为这种鸟主要进食螺旋藻。②饲养动物时，如果全部用螺旋藻作饲料，动物生长期短，并且在生长期间没有发生不良后果，尸体解剖后，各种器官、肌肉都没有发生异常现象。③实验调查已经证实，在有控制条件下，食用螺旋藻对人体健康没有影响。螺旋藻可以成为人类的蛋白质来源。

科学家之所以预言螺旋藻是前途无量的未来食品，还有另外两个重要原因：①螺旋藻的生长条件要求极低，它的生长需要二氧化碳、水、无机盐和阳光，但需要碱性强的生长介质，而这种介质对其他微生物是不适宜的；②螺旋藻生长快，产量惊人。

螺旋藻可以在露天池塘、湖泊、水库、洼地、海洋、封闭的塑料管道，甚至房顶的水池里培育生长。每天每平方米的产量净重可达 20 克，单位面积年产量估计可比小麦高 10 倍，蛋白质含量接近大豆的 10 倍。如果跟牧草做对比，螺旋藻产生的效果将比牧草高近 30 倍。而且，许多国家开始了螺旋藻的工厂化生产。科学家预言：螺旋藻有可能解决全球的能源、食物和化学原料等的供应问题。在人口猛增，土地减少，粮食、能源不足的今天，螺旋藻完全有可能成为人类生存最有前途的食物新来源。

能预报天气的怪树——海柳

在我国南沙群岛，渔民们经常在钓鱼时从深海里钩起一些树枝，这些树枝呈褐黑色，叶片细小，枝条很多，人们把它叫作海柳。海柳是珊瑚的一种，生长在较深的海里，多得像绵延数千米的树林。海柳可以提炼出一种工业用胶，并且还是一种特殊的烟斗材料。

在三亚的工艺品市场上，人们经常被一些烟斗所吸引。这些烟斗造型奇特、结构新颖，有的上面刻着花鸟走兽，有的雕着“松鼠葡萄”“松柏鹤”，还有“猴子偷寿桃”……一个个形态逼真、栩栩如生。其中有一支“龙吐珠”的烟斗格外引人注目，整个烟斗上雕刻着一条气势雄伟、张牙舞爪的龙，它似乎要腾空而起，博得许多参观者的赞美。这些烟斗就是用海柳制作的。

海柳做的烟斗，不仅工艺精美、色泽秀丽，更重要的是这种烟斗不会被烧焦，还有一股淡淡的香气，因此备受人们喜爱。

在我国台湾，海柳被称为“台湾海峡神木”，因为它藏于深海中，不易采伐。

海柳属腔肠动物的铁木科，寿命可达千年。它以吸盘紧固在海底礁林间，高达数百米，酷似陆地柳树，因此叫海柳。海柳木质坚韧耐腐，有“铁木”之称。

海柳用途广泛，浑身是宝。成片的海柳是海洋生物的保护伞。在福建东山岛海域，潜水员在海底发现一件稀奇的事：在一丛海柳伞下，栖息着一只老海龟。更令人奇怪的是，渔民发现，每当海柳林上面的海水变混浊，并伴有轰轰的声音时，海上准要变天，当地渔民说：“海柳区是自然气象观测区。”

海柳的耐腐力是惊人的。1958 年在东山岛发掘出一座宋代古墓，其中出土不少用海柳雕刻的手镯、酒具，滑溜锃亮，光可鉴人。福州鼓山涌泉寺里有一张海底木供桌，是康熙丙辰年（1676 年）元旦放在寺内的，历经沧桑至今，“火焚不损，水渗不腐”。

海柳还是一种药材，是杀菌、治疗单纯性甲状腺肿的妙药。在水族馆的一些水箱里，放几枝海柳，能起到净化、消毒的作用，延长换水周期。

防风防浪的“哨兵”——红树林

红树林是一种热带、亚热带特有的海岸带植物群落，因主要由红树科的植物组成而得名，组成的物种包括草本、藤本红树。它生长于陆地与海洋交界带的滩涂浅滩，是陆地向海洋过渡的特殊生态系统。

红树林是至今世界上少数几个物种最多样化的生态系统之一，生物资源量非常丰富。红树以凋落物的方式，通过食物链转换，为海洋动物提供良好的生长发育环境；同时，红树林区内潮沟发达，吸引深水区的动物来到红树林区内觅食栖息。由于红树林生长于亚热带和温带，并拥有丰富的鸟类食物资源，所以红树林区是候鸟的越冬场和迁徙中转站，更是各种海鸟觅食栖息、生产繁殖的场所。

海上红树林

红树林另一重要生态功能是防风消浪、促淤保滩、固岸护堤、净化海水和空气。红树林盘根错节的发达根系能有效地滞留陆地来沙，减少近岸海域的含沙量；茂密高大的枝体宛如一道道绿色长城，能有效抵御风浪袭击。红树林的经济价值也很高，其在工业中用途广泛。

胎生现象。红树林最奇妙的特征是“胎生现象”：红树的种子在还没有离开母体的时候就已经开始萌发，长成棒状的胚轴。胚轴发育到一定程度后脱离母树，掉落到海滩的淤泥中，几小时后就能在淤泥中扎根生长，成为新的植株。未能及时扎根在淤泥中的胚轴则可随着海流在大海上漂流数个月，在远处的海岸扎根生长。

特殊根系。红树林最引人注目的特征是密集而发达的支柱根，很多支柱根自树干的基部长出，牢牢扎入淤泥中形成稳固的支架，使红树林可以在海浪的冲击下屹立不动。红树林的支柱根不仅支持着红树本身，也保护了海岸免受风浪的侵蚀，因此红树林又被称为“海岸卫士”。

红树林经常处于被潮水淹没的状态，空气非常缺乏，因此许多红树林植物都具有呼吸根。呼吸根外表有粗大的皮孔，内有海绵状的通气组织，满足了红树林植物对空气的需求。每到落潮的时候，支柱根和呼吸根露出地面，纵横交错，使人难以通行。

泌盐现象。热带海滩阳光强烈，土壤富含盐分，红树林植物多具有盐生和适应干旱的生理形态结构，如具有可排出多余盐分的分泌腺体，叶片则为光亮的革质，利于反射阳光，减少水分蒸发。

海洋动物的食物——海草

海草是指生长于温带、热带近海水下的单子叶植物。海草有发育良好的根状茎，叶片柔软、呈带状，花生于叶丛的基部，花蕊高出花瓣，所有这些都是为了适应水生环境。

海草由单细胞或一串细胞构成，长着不同颜色的枝叶，靠着枝叶在水中漂浮。单细胞海草的生长和繁殖速度很快，一天能增加许多倍。虽然它们不断地被各种鱼虾吞食，但数量仍然很庞大。

海草根系发达，有利于抵御风浪对近岸地质的侵蚀，对海洋底

△ 海　草

栖生物具有保护作用。同时，通过光合作用，它能吸收二氧化碳，释放氧气溶于水体，对溶解氧起到补充作用，改善渔业环境。海草常在沿海潮下带形成广大的海草场。海草场是高生产力区，这里的腐殖质特别多，是幼虾、稚鱼良好的生长场所，同时也有利于海鸟的栖息。海草场能为鱼、虾、蟹等海洋生物提供良好的栖息地和隐蔽的保护场所，海草床中生活着丰富的浮游生物。海草场保护生物群落的作用不可忽视。

大的海草有几十米甚至几百米长，它们柔软的身体紧贴海底，被波浪冲击得前后摇摆，但却不易被折断。海草的经济价值很高，像我国浅海中的海带、紫菜和石花菜，都是很好的食品，有的还可以提炼碘、溴、氯化钾等工业原料和医药原料。

海草是海洋动物的食物。有些海洋动物是食草的，另外一些是靠吃食草动物来维持生命的，所以，海洋中的动物都是靠海草来养活的。

海草像陆上的植物一样，没有阳光就不能生存。海洋绿色植物从海水中吸收养料，在太阳光的照射下，通过光合作用合成有机物质糖、淀粉等，以满足海洋植物生活的需要。光合作用必须有阳光。阳光只能透入海水表层，这使得海草仅能生活在浅海中或大洋的表层，有些海草也能生活在海边及水深几十米以内的海底。

水中的远古遗民

SHUI XIA WANXIANG

几百年来，生物学家为了寻找生物从单细胞到多细胞、从无脊椎动物到脊椎动物、从低级向高级进化的证据，千方百计在海洋中寻找化石或动物中的“远古遗民”，尤其是寻找进化历史过程中的过渡型动物。下面列举一些海洋中的“远古遗民”，作为探视生命进化过程的一个窗口。

看不见头的鱼——文昌鱼

鱼是脊椎动物，它是从无脊椎动物进化而来的。如何证明这一点呢？生物学家找到了一种活化石——文昌鱼。这是一种珍贵的海洋动物，它的形态结构特殊，既有无脊椎动物的特征，又有脊椎动物的特征，是无脊椎动物进化到脊椎动物过渡类型的典型代表。

有人说，文昌鱼是无头的。真的如此吗？事实并非如此，说它没有头是因为它的头部形态和躯干没有明显的区别，它的神经管前端膨大的脑泡要比支持身体的脊索短，这样从外表看上去似乎看不见头，因此被误认为是无头鱼。文昌鱼虽然在名称上冠有鱼字，其

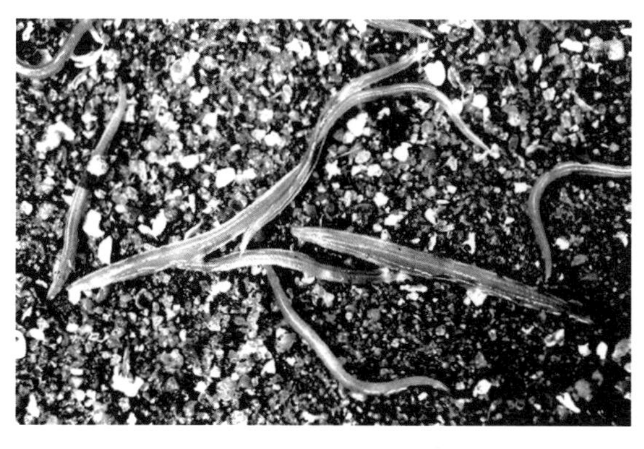

文昌鱼

实它不是鱼类。为什么呢？这是因为它的外形似小虫，只有几厘米长，两端尖细，没有明显的头，无鳞，无脊椎，连眼、耳、鼻都没有；它的心脏只有 1 条能跳动的腹血管，血是无色的，全身半透明；它的脑也不完全，仅有 2 对脑神经；它没有分化的消化器官，除了能区分出口和咽喉，只有一条直肠通肛门。

文昌鱼是头索动物，虽然不如脊椎鱼类，但具有其他高等脊椎动物在胚胎发育过程中都出现的鳃裂、脊索，背上也有 1 条空心的神经管。因此，文昌鱼比无脊椎动物要高一等，而比鱼类又原始得多。在当今地球上，从无脊椎动物进化到脊椎动物的过渡种类脊索动物极少，而文昌鱼便成了这种过渡类型的代表，因此成了研究生物进化的活化石，显得尤为珍贵。

> **拓展阅读**
>
> **·文昌鱼·**
>
> 文昌鱼，脊索动物，外形像小鱼，体侧扁，长约 5 厘米，半透明，头尾尖，体内有一条脊索，有背鳍、臀鳍和尾鳍。生活在沿海泥沙中，吃浮游生物。

文昌鱼因为是过渡类型的动物，所以具有重要的生物学教学和研究功用。文昌鱼是珍稀名贵的海洋野生头索动物，被我国列为二类重点保护对象。

海中活化石——鲎

远在泥盆纪，鲎就已经出现在这个星球上，经历了4亿年的时间。鲎没有像其他生物那样向着更高级、更复杂的阶段进化，而是仍旧保持着原始生物的老样子，因而被科学家称为“活化石”。

鲎的身体披有甲壳，甲壳厚而坚固。鲎的身体分3个部分：头胸甲、腹甲、剑尾。剑尾长满了刺，形似一把三角刮刀，能自由挥动，既可以防身又可以进攻。鲎除了头部两侧各有1只复眼，在头部正中还有1对单眼。既然是单眼为什么还要冠以“对”呢？这是因为这对眼睛完全连在一起，只是在正中以一条细细的黑线相隔，这双合二为一的眼睛是鲎的行动指南，它像一具最灵敏的电磁波接受器一样，能接收深海中最微弱的光线，鲎就是靠它在海底行动自如，从不迷失方向。

鲎

鲎的嘴位于头胸甲的中间，嘴的周围有6对长爪，其中有1对是用来帮助摄食的。雌鲎的前面4对爪是4把大钳子，用它们可以捕到食物，而雄鲎的前4对爪是4把钩子，专门用来钩着雌鲎，雌鲎在身体的相应部位留有余地，供雄鲎搭钩。雄鲎是个“懒汉”，常常都是让雌鲎背着走。在浅滩上，只要留意观察，就会发现，一对对鲎在沙地上筑巢做窝，肥大的雌鲎，背上驮着瘦小的“丈夫”，慢慢地爬行，这时候，只要一捉便是一对。

鲎的血液中没有红血球、白细胞和血小板，只由单一的细胞组成，因含有0.28%的铜元素而呈蓝色。由于鲎的血液中没有白细胞，当细菌进攻时，它没有能力抵抗，血液中的单一细胞遇到细菌马上被击破、瓦解，很快就会萎缩，蓝色血液迅速凝固，这时的鲎也就死亡了。

根据鲎的血细胞对细菌感染极为敏感的特点，科学家们从鲎的血液中提出了纯净的试剂。利用这种试剂，可以快速而准确地检测出人体内部组织是否因细菌感染而患病；在药品或食品工业中可利用它来作毒素污染的监测，看药物有无热原反应，食物是否变质。使用这种试剂要比其他试剂更方便、省时、安全、准确。

不仅如此，科学家们通过对鲎眼的研究，在神经生理学方面取得了重大突破——发现了鲎眼侧抑制作用，为此美国纽约洛克菲勒大学生理学教授哈特莱获得了1967年度诺贝尔生理学或医学奖。

目前，模仿鲎眼侧抑制作用，人们已经研制成功多种电子模型和电子仪器。有一种电子模型是一台专用模拟机，它可以对X光照片、航空照片的较为模糊的图像进行处理，使其变得边缘突出、轮廓清晰。

总之，鲎这种古老而奇特的动物，对人类的现代生活具有重要的作用，对它的研究将给人们更多启示。

古代鲨鱼的孑遗——皱鳃鲨

1884年，人类在日本海首次捕到一条皱鳃鲨，在生物科学界引起很大轰动。为什么捕到皱鳃鲨会引起生物科学界的轰动呢？原来这种鲨鱼的同类兄弟早已成为化石，掩埋在上新世的石层中了。而它却经住了岁月沧海的变迁考验，在海洋中生存到今天，成了远古遗民的活化石。

皱鳃鲨

皱鳃鲨的身体细长，长度可达1.5米，头部两侧各有6~7条鳃裂，而我们平时见到的鲨鱼除六鳃鲨外，一般只有5条鳃裂。它的尾巴也不像一般鲨鱼那样向上弯曲，而是像柳叶似的上下略微对称。皱鳃鲨主要分布在日本海、澳大利亚沿岸和大西洋的马德拉岛附近。它一般生活在水深120~1 280米的深海里，但常被捕获于水表层。

知识小链接

皱鳃鲨

皱鳃鲨属皱鳃鲨科，因鳃间隔延长而褶皱，且互相覆盖，故称为皱鳃鲨，体长1.5米左右，体鳗形，主要分布于世界温带及热带的大部分海域。

海底天文学家——鹦鹉螺

鹦鹉螺为什么被列为“远古遗民”呢？因为古老的头足类动物，都像鹦鹉螺一样，身上背着一个沉重的硬壳，在海底过着水栖生活。但是，这类古老的动物，绝大多数都已灭绝，而鹦鹉螺幸运地生存了下来。因此，生物学家把它称为“远古遗民”“海底的活化石”。

鹦鹉螺和乌贼、章鱼都属于头足类动物，但是身体的构造不同。乌贼、章鱼属自由游泳的动物，因为背着沉重的硬壳会妨碍游泳活动，所以它们的外壳早已退化，变成包在体内的轻飘飘的小片，而鹦鹉螺却仍背着美丽闪光的硬壳。

鹦鹉螺的壳很美丽，在灰白色的衬底上，缀着橙红、浅褐的花

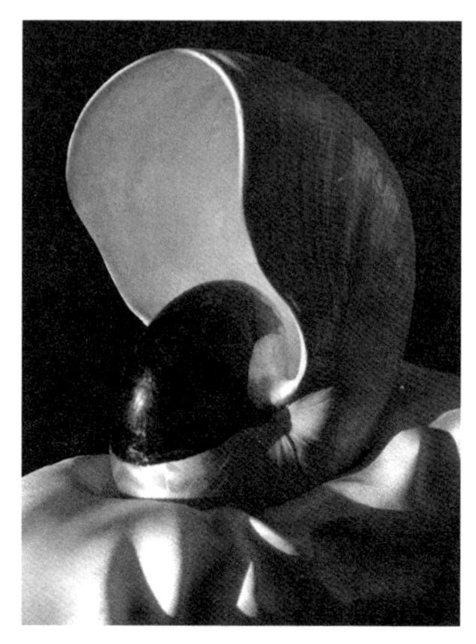
鹦鹉螺

纹。壳内分隔成许多小室，最末的一个小室是它居住的地方，称为“住室”；其余的小室可贮存空气，叫作“气室”。鹦鹉螺在成长过程中，小室的数目也在不断地增加。鹦鹉螺通过调节气室内的水分使身体沉浮在海里。

别看鹦鹉螺生活在海底，但它却与天文学有着密切的关系。科学家研究发现，鹦鹉螺每个小室的壁上，有着一条条清晰的生长线环纹。但是当人们研究埋藏在地下的鹦鹉螺化石时，又发现一个很奇怪的现象：同一地质年代里的鹦鹉螺上的生长线数目是一样的，随着地质年代推向远古，鹦鹉螺上的生长线越来越少。科学家对各个时期的鹦鹉螺化石进行推算后发现，其记录着月亮绕地运行周期在亿万年漫长岁月里的变化，说明月亮原来离地球是近的，后来越转越远了，开始绕地球一周只需 15 天，后延长到 20 天，现在需要 30 天，将来还会远下去的。鹦鹉螺默默地、忠实地记录着这种天体的变化。因此，生物学家把它称为“海底天文学家”。

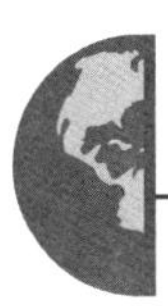

原始的腔肠类动物

SHUI XIA WANXIANG

腔肠动物是比较原始的动物，种类很多，有上万种，如有孔虫、放射虫、鞭毛虫、海葵、水母等。腔肠动物有一个用来消化食物的腔子，分不出哪个是头，哪个是尾。它们以浮游植物为食，自己往往又成了能游泳的动物的食物。它们是海洋中一个庞大的家族，下面我们介绍几种典型的品种。

水下建筑师——珊瑚虫

珊瑚是海洋动物中的低等动物，长期以来被人们划为植物。直到 19 世纪 40 年代，人们依靠科学仪器才真正揭开珊瑚是动物的面貌。人们详细研究了珊瑚的胎胚发生，才发现珊瑚的骨骼是由珊瑚体的软体部分分泌而成的，这是典型的动物特性。珊瑚这才摘掉植物的“帽子”，还其本来的动物面貌。

珊瑚动物现查明有 6 100 余种，而能生成完整骨骼的只占少数。多数种类根本形不成骨骼系统，有的体内只有骨针、骨片。在全球

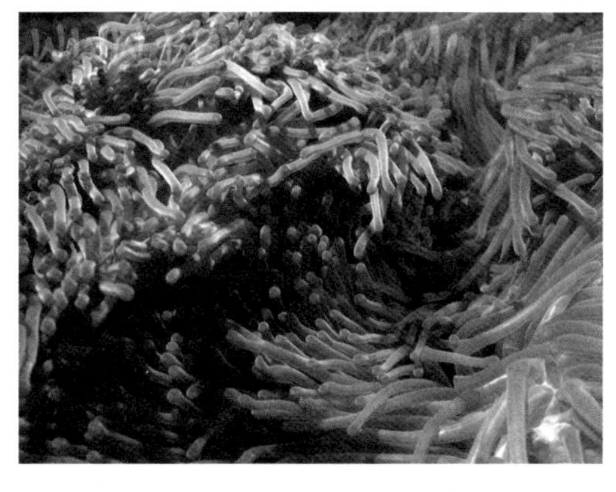

珊瑚虫

海洋中，参与建筑造礁的珊瑚只有700余种。

根据动物系分类，珊瑚分成两大类：八放珊瑚亚纲和六放珊瑚亚纲。八放珊瑚大多为掌状枝或扇状枝，也有的为块状，固着生活于热带和温带不同深度的海底，大多为非造礁珊瑚。八放珊瑚骨骼分布在中胶层中，由骨针构成，它们多数不互相连接为骨骼系统。它们的虫体内腔肠有8个隔膜，肠腔的外端口周围有8个羽状分枝的触手，因此叫八放珊瑚。

六放珊瑚中的绝大多数为群体生活，由数以万计的珊瑚虫组成，你挨着我，我依附着你，肉连肉，骨连骨，构成一个浑然一体、和睦相处的大家庭。每一个有柔软身躯的珊瑚虫都有一个石灰质的小洞穴，即珊瑚虫的小住宅。它们的体外都有外骨骼支撑着身体。每个珊瑚虫的骨骼又有共骨把它们联系起来，构成各式各样千姿百态的珊瑚骨架。这些珊瑚虫被人们称为“水下建筑师”，是造礁最出色的工程师。六放珊瑚虫口周围的触手数目为6的倍数，肠腔内的隔膜、骨隔片的总数也是6的倍数，因此被称为六放珊瑚。新生的珊瑚虫就在死去的珊瑚骨骼上生长，

> **拓展阅读**
>
> **·珊瑚虫·**
>
> 珊瑚虫，身体呈圆筒状，有八个或八个以上的触手，触手中央有口。多群居，结合成一个群体，形状像树枝。骨骼叫珊瑚。产在热带海中。

日积月累就形成了千姿百态的珊瑚：有的生成树枝，枝条纤美柔韧；有像一个个蘑菇的石珊瑚；有像人的大脑一样的石脑珊瑚；有像鹿角的鹿角珊瑚；有喇叭状的筒状珊瑚……颜色也五彩缤纷，有橙、粉红、蓝、紫、白等色，五颜六色的珊瑚使海底成了美丽的“花园”。

珊瑚的触手很小，都长在口旁边，“肚子”里被分隔成若干小房间（消化腔），海水流过，把食物带进消化腔并被吸收。珊瑚虫有从海洋里吸取钙质制造骨骼的本领。活的珊瑚死去了，新的又不断成长，日积月累，它们的石灰骨骼就形成了珊瑚礁、珊瑚岛。我国西沙、南沙群岛中的一些岛屿就是珊瑚建筑师千万年来的建筑成果。无论岸礁、堡礁、环礁都是珊瑚“生团死聚”的结果。

会走动的花朵——海葵

有位潜水员，第一次到南海西沙去作业，当他潜入清澈的海底，一下子被眼前礁石上一丛丛鲜花惊呆了。那五颜六色的“花朵”上，一条条的“花瓣”像舒展的菊花花瓣。天啊！大海底下哪来的这么多菊花啊！他忍不住伸出手去触摸它们时，突然离他最近的一丛“花”，吱地一声吹出一股清水，然后花瓣立即藏了起来。远处的“花朵”好像接到了信息通报似的，所有的艳丽“花朵”都藏了起来，有的“花朵”还在礁上移来移去，成了会走路的“花朵”。

突然，一朵“海菊花”缓缓地移动起来，这位潜水员以迅雷不及掩耳的动作，一下子伸手捉住了它。拿到眼前一看，原来这朵会走路的“花”长在一个螺壳上，螺壳里住着一位房客——寄居蟹。这位潜水员出水之后，就好奇地请教海洋生物学家。

原来，这种“花”叫海葵，而寄居蟹和海葵是一对好朋友，海葵放出“花瓣”——触手，捕捉小动物，既保护了寄居蟹，又把食物供给了它。寄居蟹可以携带海葵在海底旅行。这样，两个朋友取长补短、互助互利，彼此就不愿分离了。甚至寄居蟹迁居时，也要把它的朋友搬到另一个螺壳上去。

海　葵

海葵身体柔软，里面没有骨骼，大都是“独身主义”，单个生活，不成群体。

海葵身体上端是个口盘，当中是扁平的口，周围生有一圈圈触手。各种海葵触手数目不等，里圈的触手先生出来，成 6 的倍数一圈圈向外顺序生出。绿海葵和橙海葵只有三四圈细小的触手。这些触手是捕食的武器，那上面长着无数刺细胞，能分泌毒刺丝。一些小鱼小虾被它柔软艳丽的触手所吸引，前来观赏，一旦碰上“花瓣”，触手上的毒刺丝就会把小鱼小虾刺麻木，然后海葵就会将其卷进口里吃掉。海葵还能利用它长长的触手“捞”海里的各种食物碎渣。

海葵的口经过扁平的口道与腔肠相连，它的口道两端有 2 个口道沟与外界相通。海葵吞下小鱼小虾后，闭上口，将食物送入肠腔，肠腔里有许多对隔膜，负责消化吸收和繁殖。它的隔膜内边缘叫作隔膜丝，上有刺细胞，能杀死进入肠腔的小鱼小虾，并分泌一种酶，

用以消化食物。

一般的鱼怕海葵的触手，但小丑鱼不怕，小丑鱼把其他鱼引诱到海葵触手间，海葵得到食物，小丑鱼也能得到一份美餐。寄生虾也不怕海葵触手，因此它常跟海葵作伴，替海葵梳理触手，让其保持清洁，当然这种劳动也不是无报酬的，能为寄生虾换来“一日三餐”。

海葵常住在珊瑚丛和海底的泥沙上。它那圆筒形的身体下面有个底盘，可以将身体吸附到礁丛或泥沙上。海葵在一个地方待得不耐烦了，也用底盘蠕动身体，慢悠悠地在附近“散散步”。如果海葵要远行，那可就要请寄居蟹帮忙了，海葵依吸在它的螺壳上，让其带着自己旅行。海葵小的只有 1 毫米，大的有 1 米多。一般来讲，热带海洋里的海葵色彩漂亮，个体也大；寒冷海洋里的海葵色彩单调，个头也小。

知识小链接

酶

酶是一种催化特定化学反应的蛋白质、RNA 或其复合体，是生物催化剂，能通过降低反应的活化能加快反应速度，但不改变反应的平衡点。绝大多数酶的化学本质是蛋白质，具有催化效率高、专一性强、作用条件温和等特点。

海上风暴的先知者——水母

只要你夏秋季节到普陀山或去青岛海上旅游，乘船在碧波中航行，你一定会看到晶莹透明、身披轻纱，好像降落伞的浮游动物，那就是水母，有的人称其为海蜇。

水母属腔肠动物。上面有伞状部分，下面有 8 条口腕，口腕下端有丝状器官。8 月中旬，精子随水流进入雌体，使卵子受精，后来受精卵变成螅状幼体，螅状幼体发育成螅状体越冬。第二年 5—6 月份，水温上升，螅状体横裂成横裂体，再经过一段复杂的变化成为碟状体，这时的水母才有自由活动的能力。经过半个月，碟状体成长为铜镜大的幼水母，此后仅需 2 个月就长大了。

水　母

水母虽然没有眼睛和耳朵，但水母虾和玉鲳鱼都自愿当它的“耳目”。每当敌害接近时，生活在水母口腕周围的小鱼小虾，立即有所觉察，迅速躲进水母“家”里去，水母感觉到这些小动物的行动，立即收缩伞部，沉下海去。水母庇护了小鱼小虾，小鱼小虾也甘愿为水母“站岗放哨”，这就是动物学上说的“共生现象”。

水母身体柔软，游得很慢，但你别担心它会因捕捉不到食物而

饿死，因为它有自己的一套特殊生存本领。每当鱼虾接近水母时，水母会从刺丝中放出毒素，麻痹鱼虾，使它们失去知觉而被捕获。夏天，当你在浅海或沙滩上发现水母时，千万不要用手去抓，被它蜇伤会中毒发烧。如果碰到一种海黄蜂水母，毒性更大，要命的巨毒可以蜇死人的。

我国是世界上最早开发利用水母资源的国家。我国水产专家们经过对水母的研究及人工培育，终于揭开了水母生活史之谜，现在水母可以人工放养了，填补了世界海洋生物学中的空白。

水母还有一种特殊本领：能预报海上风暴的到来。科学家发现，水母能把远方空气与波浪摩擦而产生的次声波转为电脉冲，从而引起感觉。每当它接到信号后，就及早潜入海洋深处，免得被浪潮冲上岸去。沿海渔民凭着这一点，就知道风暴要来临了，赶快返航归港。因此，渔民有一种说法：“海上风暴水母先知。”

无脊椎的软体动物

SHUI XIA WANXIANG

无脊椎软体动物是海洋中的第二大种群，有 10 万种，可分成两类：带壳的软体动物，它们带着“房子”一起运动，不会游泳，生活在海底泥沙或石岩上；不带壳的软体动物，丢掉了笨重的硬壳，保护身体的骨头长到柔软的身体内部去了，它们善于在海洋里游泳，如乌贼、鱿鱼、章鱼等。不管是哪一类软体动物，都有一个共同的特点：不分节，由头、足、内脏囊、外套膜和壳 5 个部分组成。

最原始的贝类——石鳖

石鳖是贝类中的元老，是贝类中最原始的类型。要阐明贝类在地球上的进化和起源，就离不开石鳖，所以石鳖在贝类系统进化和科学研究上占有极其重要的地位。

石鳖的贝壳是由 8 片石灰质壳片组成的，它们成覆瓦状盖在石鳖的背部，在这些贝壳周围还生有许多小鳞片、小毛刺等。石鳖的模样很像陆地上的土鳖，背上有壳片来保护身体，腹部有肥硕的足，

石鳖

石鳖一旦附着在岩礁上，狂涛巨浪也休想冲离它。在退潮时，人们常常在海边岩礁上见到它。它用腹面带齿舌的嘴刮取石面上的小海藻为食。

石鳖有两大特征：眼睛长在背部的壳片上，数量很多，尺寸很小，不是用来看东西的，而是用来感知海水振荡或扰动的，所以石鳖虽然不能看见东西，但仍能在海洋中生存。石鳖繁殖是这样进行的：性成熟的雌雄石鳖各自将卵、精排到海里，任其在海中随波逐流漂荡，精跟卵偶然相遇了就结合成受精卵；受精卵进一步发育成一种带毛的螺幼虫，幼体周围的一圈毛就是它运动的桨，使其可以在海中游动；幼体再继续发育就生出壳片，成了小石鳖，小石鳖在漂泊中遇见岩石和海藻，就开始附着生活。

知识小链接

石鳖

石鳖属于多板纲中原始类型的贝类，颜色和岩石一样，形状有点像陆地上的潮虫。它们通常呈卵圆形，扁平，两侧对称。

朝雌暮雄的动物——牡蛎

牡蛎又叫蚝、海蛎子，是一种常见的海洋贝类动物。牡蛎中蛋白质含量为 45% ~57%，脂肪含量为 7% ~11%，肝糖含量为 19% ~38%，此外还含有丰富的维生素和其他营养物质。它状似珍珠贝，肥大得像个小粽子，掰开一看，里面的肉是银白色的，又嫩又娇，古人称它为“东海夫人”。

牡蛎从小就生长在岩缝石头上，用植物根须一样的吸盘，牢牢地吸在岩石上，从来不动，就像海里的植物。它虽然生活在盐度极浓的海水里，但它的肉是清淡的、洁白的，营养价值很高，是一种高蛋白食物，经常吃能舒筋活血，防治高血压，健肠胃。

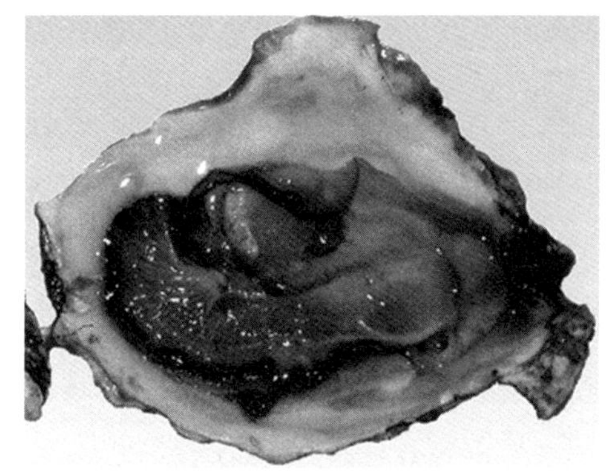

牡　蛎

牡蛎以下壳固着在岩石或其他物体上生长，一旦固着后，终生不移动，足部逐渐退化。牡蛎喜欢群聚生活，自然栖息的牡蛎都是各个年龄的个体群聚而生。每年新生的个体以其前辈的贝壳为固着基地，老的死去，新的又固着上去，以致形成“牡蛎桥”“牡蛎山”。

这些固着生活的牡蛎，它们是如何繁殖的呢？牡蛎长到 1 岁就性成熟，开始繁殖。不同种类的牡蛎繁殖季节不同，如褶牡蛎的繁殖期在6—10月，大连湾牡蛎的繁殖期在5—9月，浙江一带的牡蛎的繁殖期则在6—8月。一般说来，牡蛎的繁殖期大都在该海区水温较高、海水比重较低的月份。性成熟的个体排放精子、卵子在海水中受精发育。幼体大约经过半个月的漂浮生活后，在条件适宜的地方附着，先由足丝腺分泌出足丝，再从体内分泌出胶黏物质，把自己的下壳牢牢地固着在岩礁上，开始了终生不动的固着生活。

牡蛎还有一个大的特点是性别不定，有的产卵后变为雄性，有的排精后雄性性状衰退又变成雌性。海洋生物学家经过长期观察研究后发现，牡蛎1年中有2次性变，真可谓“朝雌暮雄”。

我国养殖牡蛎历史悠久，从宋代开始就有“插竹养蚝”的记载。日本“真牡蛎”具有壳薄、生长快、出肉率高的特点。这种牡蛎只要养殖8个月就可上市，每平方千米产牡蛎肉可达135~170吨。

过去用绳编织“养贝长笼”，用浮筒竹排木排来固定“养贝长笼”，往往会被风浪卷走。后来用水泥块来当死“锚”固定在海底，也会被风暴和冬季结冰损坏。

近年改用“蜂巢式”养贝装置，可以抵御海浪的直接冲击。人们发现海边的水下管道里面有大量牢牢固着的牡蛎，它们一般附着在端部，但每条管道都没有被堵死，中间总是透光。专家们就利用牡蛎的这些特点，大胆研究出与蜂房相似的“蜂巢贝笼”。这样的改动使其有效容积增加了50%以上。

蜂巢式养贝装置四周是管状框架，由玻璃纤维强化塑料制成，里面充填高性能泡沫塑料，并加以密封，框内则是排列整齐的可供应充足饵料和氧气的蜂巢贝笼，外观完全像个大蜂巢。它的上部联结浮筒，多片串联在一起，颇为壮观。这种养贝装置不但经济耐用，而且养出来的牡蛎不再有泥沙，质量好。

生产高级装饰品的动物——珍珠贝

珍珠贝

在世界珠宝行业中，通常把钻石、祖母绿、红宝石、蓝宝石、翡翠称为皇帝，而把珍珠称为皇后。珍珠是最古老的有机宝石，有特殊光泽、色泽，是高级装饰品。而生产珍珠的工厂，就是生活在海洋中的珍珠贝。目前市场上珍珠的饰品有戒指、耳钉、耳坠、领带别针、胸针、手链以及多种花色的项链等。中国的南珠生产已成为重要产业。

世界上流传着“西珠不如东珠，东珠不及南珠”的说法。也就是说，中国的珍珠要比欧洲、日本的珍珠都优质。据说英国女王王冠上那颗珍珠，就是产于中国的南珠。许多国家的贵族，都以拥有大量珍珠来显示自己的名望。俄皇王冠、伊康王冠、罗马王冠、英国女王王冠上，都嵌满各色珍珠。

广角镜

·珍珠贝·

珍珠贝属于双壳类，和贻贝及扇贝等同是用足丝附着在岩石、珊瑚礁、砂砾或其他贝壳上生活的种类。珍珠贝在我国福建，特别是广东沿海地区十分常见。

珍珠是怎么形成的呢？它是异物（沙粒）进入珍珠贝的外套膜和贝壳间，珍珠贝受到刺激，外套膜分泌珍珠质把异物包围起来，日久天长便形成了珍珠。人工养殖珍

珠，是采用人工植核的办法培养珍珠。事先将制作好的珠核，插入珍珠贝的外套膜和贝壳之间，使珍珠贝分泌珍珠质把珠核包围起来而形成珍珠。

珍珠除可做珠宝首饰之外，还是贵重的药材，它有清凉解毒、镇静安神、小儿惊风退热、清肝明目、祛痰等功效。

黑珍珠稀有而珍贵，被视为最时髦的装饰珠宝。它具有孔雀羽毛一般的艳丽光泽，令许多人为之倾倒。现在全世界产黑珍珠的地方很多，其中马鲁特岛的黑珍珠最为珍贵，驰名世界，因此该岛被誉为“黑珍珠的天堂”。

海洋中最大的贝壳——砗磲

砗磲是贝类中的“巨人”。它生活在印度洋和太平洋热带浅水的礁上，具有粗大隆起的石灰质壳，壳面有凸起粗肋，贝壳两瓣的边缘稍微张开，由此吐露出色彩鲜艳的两片外套膜。外套膜上饰有花纹，并有二方连续图案式的一列“外套眼”，外套眼是由一种特殊细胞聚集而成的，能聚集光线，在阳光的照射下能发出蓝绿色亮晶晶的光，因此又得一个“玻璃聚光器”的名称。

这一特殊的器官，并非是它炫耀身价的珠光“宝器”，而是它自身带着的“粮仓”。这一外套膜边缘组织内有单细胞的虫黄藻共生，而玻璃聚光器所聚集的光，专供虫黄藻进行光合作用，进而大量繁殖。虫黄藻则利用砗磲在代谢中排泄出的废物，创造出含有糖类的有机物供砗磲吸收。虫黄藻在砗磲外套膜边缘组织里的存在，对促进砗磲贝壳的增长加厚有利，二者是互利互惠，互相帮助。当然，砗磲光靠虫黄藻供给的营养是不够的，它也像其他贝壳一样，会通

金丝砗磲

过鳃滤食浮游生物。

砗磲的寿命在贝壳类中是最长的，一般能活 20 年左右，最长寿能超过 100 岁。最大的砗磲壳长 1.5 米，有五指厚，重达 250 千克。世界上最大的砗磲在美国自然历史博物馆陈列，重量为 263 千克，是从菲律宾海岸采集的。

有的人问，这种生物为何叫砗磲呢？“砗磲”在古汉字中的含义是：车子对路面辗轧日久，形成的一道道深深的凹陷。这种大型的贝，有一对厚厚的石灰质的壳，壳表面像一道道沟渠，因此这种贝就被称为砗磲了。

水下变色精——海兔

有位潜水员在水下作业时，突然在礁谷里看到一只兔子伏在海草中，这使他感到万分惊奇：海底怎么会有兔子呢？出水后他带着问题请教了海洋生物学家。

专家说，海兔的确存在，但跟陆兔根本不同。海兔是一种无脊椎的软体动物，跟贝壳和海蛎子是一家。只是天长日久，它的贝壳退化成了薄又透明的角质层，被包围在外套膜里了。人们之所以叫它海兔，是因为它的形象。海兔头部长着 2 对触角：前面是管触觉的，比较短小；后面一对是管嗅觉的，比较细长。当它静止时，嗅

△ 海 兔

觉器官就伸了出来，好像是兔子耳朵，因此就叫它“海兔”了。

海兔有个特殊本领：对周围环境有着惊人的适应能力。它可以随食物的颜色而改变体色。如果海兔食用的海藻是红色的，那么它的体色就会变成玫瑰红色。如果海兔食用的是绿藻、褐藻，那么它的体色很快就会变成棕绿色或黑色。专家说，海兔变色适应环境，有利于它保护自己，可以减少敌害的袭击。

海兔还有一种特别的自卫手段，即它会喷射和分泌两种腺体：紫色腺，一遇敌害就分泌出来，使周围海水变为紫色，借以逃避敌害；毒腺，位于外套腔前部，一旦受到刺激就会分泌，是一种带酸味的乳状液体，它有一种叫人恶心的气味，也是用来防敌害的。

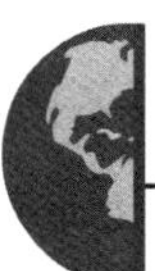

顶盔擐甲的甲壳类动物

SHUI XIA WANXIANG

在无脊椎动物中，还有一类浑身戴盔披甲的动物，人们称它们为“甲壳类动物”，主要是虾类和蟹类，有上千种。这里主要介绍对虾、龙虾、高脚蟹、寄居蟹等。倘若说外壳是贝类的“房子”，那么虾、蟹的外壳就是它们的“盔甲”，这些盔甲就是它们的外骨骼。它们要长大就必须蜕去壳，否则就不可能长大。为此，虾、蟹从幼体到成体的一生中要蜕去许多次壳，这是甲壳类动物共同的特点。

鲜美可口的海味——对虾

对虾之名，并不是想象中一雌一雄配成对，而是过去北方市场上常以“对”为计算单位出售，渔民也以对来计算他们的劳动成果，因此取名为对虾。

对虾，在我国被尊为八大海珍品之一。在日本，对虾也是作为上等的畅销水产品而蜚声市场。在美洲和欧洲，对虾也供不应求。这是因为它肉嫩味美，而且有丰富的蛋白质、维生素等营养物质。

对 虾

对虾的种类不多，只有 20 多种，但分布很广，几乎世界各处的海洋中都有它的踪影，它们是一支奔走不息的洄游大军。对虾头上有 3 对细长的螯足，全身裹着一节节薄而坚韧的甲壳，加之身材“魁梧”，比其他虾类成员更加英气，因此它常常在神话故事里扮演日夜巡守龙宫的勇将。

我国渤海、黄海、东海、南海都能养殖对虾。今天的对虾，已成为广大人民餐桌上的美味佳肴了。

我国北方的对虾是长须对虾，而我国南方海域生长着另一种对虾——短须的斑节对虾，它是对虾中的“巨人”，每只可重达 500 克。斑节对虾是热带海洋种类，我国广东、福建、台湾南部沿海里都有它们的踪影。斑节对虾身上生着横斑，通常呈褐色、红褐色，也有呈蓝褐色或黑色的，腹部的游泳肢上生着红色的刚毛。斑节对虾身上的斑，随着生活环境和成熟的程度而变化。白天，斑节对虾静静伏在海底，傍晚时开始捕食。它的繁殖跟长须对虾差不多，长到 500 克左右需要 15—18 个月，一般寿命为 2 年。斑节对虾是大型虾类，它们对环境的适应能力较强，即使离开水，较长时间暴露在空气中也不会死亡。如果把它们装在湿的锯末里，它们存活的时间会更长。

虾中之王——龙虾

龙虾体态威武，英姿飒爽，全身披盔带甲，坚硬的几丁质背甲上长着方向朝前、尖而锐利的棘刺，头的两侧伸出 2 根长长的触角，很像戏曲里全身武装的“将帅”，好不威风。我们见过的最大的龙虾标本体长连同触角达 120 多厘米，重 5 千克，堪称虾类之王。

龙虾是生活在暖水里的一种大型甲壳动物。

龙虾看起来很凶暴威武，其实它是外强中干的胆小鬼，是一种行动迟缓怯懦的动物，在“敌人”面前显得十分笨拙软弱，它们只能袭击一些不大能活动的鱼类。

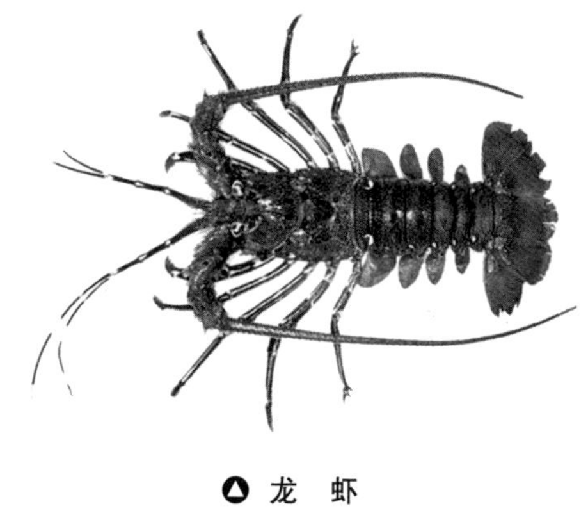

龙虾

龙虾的 2 根触角是它们的感受器官，每当龙虾受惊时，它们就由前向后倒竖起来，同时颈部的特殊摩擦发声器发出“吱吱”的声响，用以警告“敌人”，但这不过是示威而已。龙虾除了背甲上的棘刺尚有防身作用外，再也没有吓人的武器了。

龙虾生活在几米到几十米的海水里，藏在珊瑚礁两端开口的隧洞内，或者在乱石堆中。它们昼伏夜出，白天多隐于洞中，头和触角露在洞外。2 根触角呈“八”字型分开或左右一字拉开，它们有时上下运动，有时做圈式活动，如雷达天线搜索外界的威胁目标。到了夜晚，它们就从洞中爬出来，在海底小心翼翼地匍匐前进，寻找食物。龙虾很贪食，饱餐一次可以十天半月不进食。这有利于它藏在洞中过隐居安静的生活。

龙虾的胆小还表现在它藏身的隧洞，它常住的隧洞是两端开口的，这使它在防敌时可进可退，当敌人从前面袭来时就后退，反之就前进。在这样的隧洞里，人们要捉住它也相当困难。在隧洞中，龙虾的防身武器也有用武之地，一旦敌害来袭与其身躯接触时，龙虾把身子用力向上一拱，棘刺即可把敌人刺死于洞壁之间。

龙虾在海底生活，与底栖生物混在一起，一些附着性的生物常依着或固着在龙虾体表，这使龙虾的身躯更加笨重了，但也为它提供了一些食物。

龙虾的繁殖期在夏季，我国南方在 5 月中旬就会出现抱卵雌虾，即所谓的“开花龙虾”。龙虾身体虽大，卵粒却很小，只有芝麻的 1/10 大小。但它产卵数量是惊人的，一只体长 35 厘米的雌虾，抱卵量可达几十万，甚至 100 万。如此多的卵，为什么龙虾产量又如此少呢？因为孵出的幼体中的相当一部分因适应不了环境变化而被淘汰，还有一部分成了海洋中其他动物的食料，就是幸存下来的幼体在发育蜕化过程中，有的也会夭折，因此长成大龙虾的就寥寥无几了。

蟹中之王——高脚蟹

蟹肉细嫩、鲜美，是许多食客心中的佳肴。我国沿海经济价值最大的是梭子蟹，它的壳左右两端尖细，中部宽大，如同织布用的梭子，故名为梭子蟹。

居住在海洋里的蟹，是蟹族中相当兴旺的一支，如招潮蟹、梭子蟹、沙蟹、红蟹、长臂蟹、椰子蟹、寄居蟹。这些蟹家族中的成员们散布在大陆近岸的地带一代一代地繁殖着。其中生活在日本海及白令海的名叫高脚蟹，是蟹中之王，个头最大。它的甲壳有 30 多

高脚蟹

厘米长，一条腿就有1.5米左右长。两腿伸直差不多有4米多长，体重约15千克。

高脚蟹有5对变化了的足，像10把刀一样，能把食物立即切得粉碎。2只长螯是自卫的武器，也可以在4平方米的范围内随意取食。

因为高脚蟹的腿太长，所以其行动有些不灵便，活动起来有些缓慢。秋冬两季多栖息在深水中，春夏间成群结队到浅水中逗留，这时正是人们捕捉它的好季节。

高脚蟹壳薄肉多，雪白的蟹肉充满了圆筒形的长腿，肉质非常细嫩。一只高脚蟹有肉近10千克，肉不但鲜美，而且营养丰富，还可以制成罐头，是驰名世界的食品。蟹壳也不是废物，而是医学、化工、家禽饲料的重要原料。

背着“房子”的动物——寄居蟹

在西沙，每当潮水退后，广阔的沙滩上就会有许多背上驮着各种斑纹、色彩绚丽、五光十色的螺壳的小动物在沙滩上爬来爬去。当你靠近它们时，它们就迅速缩进螺壳一动不动，这种动物就是寄居蟹。因为它们都居住在可以随身携带的“房子”——螺壳里，寄居蟹的名字也由此而生。

寄居蟹

寄居蟹的体形、构造和生活方式都比较特别，腹部柔软的螺旋体盘曲在螺壳里，利用它的尾巴把身体后端钩在螺壳的顶部。头前有 2 个状如钳子的螯足，左右螯足在身体缩进螺壳里时，大螯足挡住螺壳的门口，以御外敌。瘦长的第一、第二步足是爬行工具。

寄居蟹逐渐长大，原来的螺壳住不下了，它们能够随时调换较大的新房。找到大小合适的螺壳，寄居蟹就用螯足伸入螺壳中试探一下，如果满意了，它很快就会把身体安置在这个新房中。

别看寄居蟹小，在非洲欧罗岛上，一只大海龟竟被它们吃掉了。这是怎么一回事呢？原来那只海龟上岸来产蛋，拼命地挖洞，结果钻进一个树根洞里出不来了。这时寄居蟹一群群发起攻击，用螯足咬海龟，2 个小时后，这只海龟被咬死了，4 个小时后，竟被寄居蟹吃得精光。

寄居蟹分布在热带、亚热带和温带海域。寄居蟹可作家禽饲料或钩饵，也可作中药，如活额寄居蟹有活血化瘀的功能。

特种黏合剂工厂——藤壶

藤壶，名字叫起来陌生，其实你只要去过海边，就一定见过此物。它附着在岩礁上，是一簇簇小甲壳动物，石灰质的壳子有点灰

藤 壶

白，顶端开着小口。小口里常常伸出“小手”，摇摇摆摆，一旦捕到浮游生物，就缩进壳里进餐了。这种小甲壳动物，有一种天生的才能，一旦附着在岩礁和船底上，任凭惊涛骇浪的拍打，也休想把它冲掉。因为它能分泌一种黏合剂，目前世界上还没有一种化学黏合剂能与这种黏合剂相比。因此，藤壶的分泌物成了科学家研究黏合剂的重点。

藤壶分泌的这种特殊黏合剂，近年来已被科学家揭开了秘密。经研究分析，这种黏合剂是由一种氨基酸和氨基糖构成的，在0℃ ~ 205℃的温度条件下，黏合强度很高，可以把石头、水泥、木材、钢铁等粘得很牢，而且耐热、黏合速度快。目前科学家已仿制出这种黏合剂，并广泛地运用到电子器件、航天飞机、精密仪器的零件粘接上。藤壶黏合剂本来分泌在水中，它既不要求物体表面清洁，也不要求干燥。

> **你知道吗**
>
> **·藤 壶·**
>
> 藤壶，属甲壳纲，藤壶科，是附着在海边岩石上的一簇簇灰白色、有石灰质外壳的小动物。

但这种黏合剂也有一个缺点，不能黏合含铜和含汞的东西。科学家们发现这一特点后，就在油漆里加上汞的化合物，这样藤壶就没法在上面定居下来。这样，一种防止藤壶附着船体的油漆就诞生了。

浑身长刺的棘皮类动物

SHUI XIA WANXIANG

海洋动物经过漫长时间进化到无脊椎的棘皮类动物时，体壁组织里分化出了钙质骨骼，这些钙质骨骼有的相当坚固，有的成骨片埋在肚皮里，有的外面有骨针状的刺，如海百合、海星、海参、海胆等。海洋世界里棘皮类动物有数千种，现查明的海参类就有数千种。下面我们介绍几种主要的棘皮动物。

浑身都是"监视器"的动物——海星

海星是棘皮动物门的一纲，人们俗称其为"星鱼"。海星主要分布于世界各地的浅海底沙地或礁石上，是一种贪婪的食肉动物。

海星与海参、海胆同属棘皮动物。海星通常有5个腕，但也有4个和6个腕的，有的多达40个腕，在这些腕下侧并排长有4列密密的管足。用管足既能捕获猎物，又能让自己攀附岩礁，大个的海星有好几千个管足。海星的嘴在其身体下侧中部，可与海星爬过的物体表面直接接触。海星的大小不一，小到2.5厘米，大到90厘米；

海 星

体色也不尽相同，几乎每只都有差别，最多的颜色有橘黄色、红色、紫色、黄色、青色等。

人们一般都会认为鲨鱼是海洋中凶残的食肉动物。而有谁能想到平时一动不动的海星，也是食肉动物呢？不过事实上就是这样。由于海星的活动不像鲨鱼那般灵活、迅猛，故它的主要捕食对象是一些行动较为迟缓的海洋动物，如贝类、海胆、螃蟹、海葵等。它捕食时常采取缓慢迂回的策略，慢慢接近猎物，用腕上的管足捉住猎物并用整个身体包住它，然后将胃袋从口中吐出，利用消化酶让猎获物在其体外溶解并被其吸收。

知识小链接

海 葵

海葵，六放珊瑚亚纲的一目。海葵虽然看上去很像花朵，但其实是捕食性动物。这种无脊椎动物没有骨骼，锚靠在海底固定的物体上，如岩石和珊瑚。

当潮水退去时，我们常可以在海滩上拾到手掌大小的五角形动物，这就是海星。它体色鲜艳，身体匀称，从位于中心的体盘部向周围放射出 5 个腕，体内各个器官系统也都各呈相应的五辐结构。

海星背部微隆，腹部平坦并且有 5 条步带沟，沟内生有若干缓缓蠕动的管足，里面充满液体。这是海星特有的水管系统的主要部分，5 条步带沟的交汇处就是海星的口。

海星有很强的再生能力，它任何一个腕脱落后都能再生，腕内各器官也能再生，但再生腕往往比原先的小，因此我们经常可以发现畸形的海星。如果将海星的一个腕捉住，不久这个腕就在与体盘相连处断裂，海星弃腕逃脱。

海星没有特化的眼睛，它每一个腕的末端有一个红色的眼点，这里可能是它重要的光线感觉区。大多数海星是负趋光性，不喜欢光亮，所以它们大多在夜间活动。海星虽没有眼睛，但身上有很多化学感受器，可以察觉到水中食物来源，从而很快找到食物。人们总以为海星是靠触角识别方向的，其实不然。科学家最近研究发现，海星浑身都是“监视器”。海星为何能利用自己的身体洞察一切？原来，海星的棘皮上长有许多微小晶体，而且每一个晶体都能发挥眼睛的功能，以获得周围的信息。科学家对海星进行解剖后发现，海星棘皮上的每个微小晶体都是一个完美的透镜，它的尺寸远远小于人类利用现有高科技制造出来的透镜。海星棘皮中的无数个透镜都具有聚光性质，这些透镜使海星能够同时观察到来自各个方向的信息，及时掌握周边情况。在此之前，科学家以为，海星棘皮具有高度感光性，它能通过身体周围光的变化强度决定采取何种防范措施，另外还能通过改变自身颜色达到迷惑“敌人”的目的。科学家预测，仿制这种微小透镜将使光学技术和印刷技术获得突破性发展。

名贵的海味——海参

海 参

在海藻繁茂的海底，生活着一种动物，它们披着褐黑色或苍绿色的外衣，身上长着许多突出的肉刺，这就是海参，它是一种很名贵的海味。海参在世界上有上千种，而生活在我国且能食用的海参只有20余种，经济价值最高的要算刺参。

海参的身体为长圆筒形或蠕虫状。后端是肛门。口的周围有10~30个触手，触手的形状因品种而异。身体的背部常有疣足或肉刺。海参大多数种类生活在岩礁底、沙泥底、珊瑚礁或珊瑚沙泥底，活动十分缓慢，由于没有眼睛，无法捕捉快速运动的动物，只有吃混在沙子里的有机质和小型动植物。

自古以来，我国人民一直把海参当作重要的滋补品。它的营养价值较高，据分析，干海参含水分21.55%、粗蛋白质55.51%、粗脂肪1.85%，此外还含有人体所需的钙、磷、铁等物质。尤其是老年人由于硫酸软骨素的减少等，吃海参

你知道吗

·黏蛋白·

黏蛋白是一种消化道、呼吸道、生殖道等处分泌的黏液中含有的蛋白质，通常带有大量短链O-糖链，使其溶液具有黏稠性。

能补充一种明胶——氮和黏蛋白，具有延缓衰老的作用。

海参也是重要药源，可补肾益精、养血润燥、止血，可治疗肠燥便秘、肺结核、再生障碍性贫血、糖尿病等；海参的内脏可用于治疗癫痫等；海参的肠可用于治疗胃及十二指肠溃疡和小儿麻疹。此外，近来还发现粗制和精制的海参素均能抑制肉瘤腹水细胞癌的生长，为控制人类癌症开辟了新药源。

但也要注意海参中毒，因为在全世界上千种海参中，有 30 多种是不能食用的。

海参有极强的温差忍受能力，能在 0℃ 至 28℃ 的水里自由自在地生活。把它放到冰中冻住，化开后它照样活着。但它对盐度忍受能力很差，将它从海水里移到淡水里，它很快会死去，而且会将“五脏六腑”全部吐出来。所以，老渔民都知道，一般河流的入海口处，是找不到海参的踪迹的。

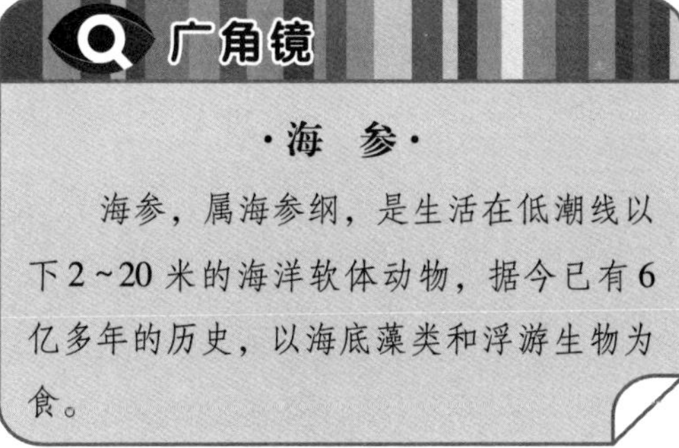

广角镜

·海　参·

海参，属海参纲，是生活在低潮线以下 2 ~ 20 米的海洋软体动物，据今已有 6 亿多年的历史，以海底藻类和浮游生物为食。

海参的另一特异功能是再生。把一只海参割成三段，再抛进海里，三部分都会各自长成一只完整的海参，这个过程需要 3 ~ 7 个月。

海参产卵时，四周环绕着一片玫瑰色的“云雾”，这里抚育着一代新的生命。海参的幼虫以伊谷草为家，直到长为成体。每一处海藻丛都是海参别具一格的托儿所，海星或者海蟹休想靠近它们。产后的海参体质虚弱，于是它们潜入洞穴，休养身体，一直待到 10 月份。它们这样做也是为了躲避海星，因为此时它们无力对付海星的攻击。

小海参要成长为大海参，一般需要 4—5 年。它的寿命只有 9 年。

一只雌海参每年可产卵800万粒，但真正能成为海参的却很少。海参家族不兴旺的原因包括：多数卵会被其他鱼类吃掉、海水污染、人类过度捕捉、自然繁殖越来越少等。

海中刺猬——海胆

曾有人在浅海里找活贝壳时，发现在礁石底下有一只颜色很美丽像刺猬的动物。伸手去抓它，却没想到它浑身长着针似的硬刺，其中有根刺刺进了他手心肉里，之后手心很快红肿，痛得浑身冒大汗，夜里还发烧。

海 胆

后来当地人说，这种浑身长刺的动物叫海胆，无论抓它还是吃它都要当心，因为它的刺有毒。

海胆长着一个圆圆的石灰质硬壳，全身武装着硬刺，一般海洋中的动物都不敢惹它，因此有海中“刺猬”的称谓。

海胆的口腔内有个特殊的咀嚼器——亚里士多德提灯。这个名字听起来有些奇怪，因为这个咀嚼器形似古代的提灯，而这个器官是学者亚里士多德首次提出的，因此就产生了这个名字。这是海胆捕食和咀嚼食物的唯一途径。其间还生着纤细透明的小脚——管足。海胆靠这些管足移动着它的硬壳。它们体表都有石灰质的硬棘，所以属于棘皮类动物。

海胆种类很多，全世界有800余种，能供人们食用的只有少数几种。在我国有棘球海胆、紫海胆、白棘三列海胆和毒刺海胆。吃海胆不是吃它的肉，而是吃它的生殖腺和海胆卵黄。

吃海胆千万要小心，要防止中毒，一般有毒的海胆颜色都格外美丽。如环刺海胆，它的粗刺上有黑白条纹，细刺是黄色的。幼小的环刺海胆更美，刺就像白色、绿色的彩带，闪闪发光，细刺的尖端生长着倒钩，一旦刺入人的皮肤，就像毒针注入人体，皮肤立时会红肿疼痛，有的人甚至还会出现心跳加快、全身痉挛等中毒症状。

知识小链接

管　足

在棘皮动物水管系统中，从辐管分出的管状运动器官，称为管足。

像植物的动物——海羊齿

在海水澄明清澈的海湾里，在水下的礁石上，常伸展着无数的“菊花”，有黄的、紫的、白的，“花瓣”在轻轻地飘动着，特别是白色珊瑚礁映着红色的“花朵”，艳丽而超群。其实，这些“花朵”并不是植物，而是动物。它们长得有些像陆地上的羊齿植物，因此被称为“海羊齿”。海羊齿一般有 10 个腕，腕上长着一些羽状排列的侧枝，名为“羽枝”。它们是“海百合纲”家族中的一支。

拓展阅读

·海羊齿·

海羊齿是一种棘皮动物，由于它貌似羊齿植物，人们就叫它海羊齿。

它们也有口，并且在反口面轮生着一些短短的卷曲细枝，也叫“蔓枝”。海羊齿大都有点“自由游泳”的本领，可以随着水流游动，碰到合适的地方，就轻舒蔓枝攀住岩石或海藻，暂时定居下来。海羊齿的腕臂柔软有力，可以上下左右自由摆动，它就是靠挥动这些腕臂来游泳的。这些腕臂中有纤毛沟，有一种黏液从纤毛沟里流出来。海羊齿靠这些黏液把海水中微小的浮游生物捉住，然后送进口里。海羊齿属于棘皮动物门，在这一门里它是最古老的一纲。

海羊齿

海中地瓜——香参

某年，潜水员们出海训练。有一天，潜水员在海底惊喜地叫喊起来：“天啊！海底有不少地瓜！”船上的人一听感到纳闷，海底怎么会有地瓜呢？于是，他们用信号绳传了一只布袋给海底潜水员。约半小时后，那只布袋被传回海面上，把里面的东西倒在甲板上，果然有上百个地瓜似的东西。渔民出身的大队长说：这是一种参，叫香参，因为它形体和颜色都像地瓜，所以渔民叫它海地瓜。它的味道鲜美如海参，有人为了将其跟海参区别开来，把它叫作香参。

香参长 20 厘米左右，粗 10 ~ 15 厘米，体略呈纺锤形，前方较钝，有 15 个触手，后端有一明显的尾，颜色为肉红色，体壁很薄，是半透明的。香参穴居在潮间带到水深 80 米的软泥底中，少数生活

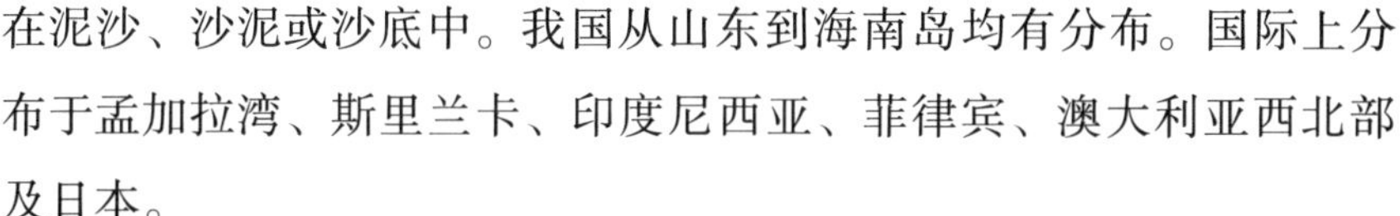

在泥沙、沙泥或沙底中。我国从山东到海南岛均有分布。国际上分布于孟加拉湾、斯里兰卡、印度尼西亚、菲律宾、澳大利亚西北部及日本。

知识小链接

氨基酸

氨基酸，指同时含氨基和羧基的一类有机化合物的通称。根据氨基和羧基的位置，有α氨基酸和β氨基酸等类型。参与蛋白质合成的是20种L-α-氨基酸。

弹性软骨骼的头索类动物

SHUI XIA WANXIANG

生物进化，从低级到高级逐步发展。无脊椎动物最主要的特点是身体中没有脊柱，是动物的原始形式。

头长挖沙锥子的虫——柱头虫

柱头虫是软骨头索类动物，长约 35～60 厘米，身体呈淡黄色，它的嘴闭合不了，打洞时就把沙子、海水一起吞到肚里，海水从鳃孔中排出，吃进的泥沙通过肠子就把其中的营养有机物消化吸收了，无用的东西排出肛门外。

柱头虫居住在海滩潮间带的地下管道里。柱头虫长着一个像三角锥子的头，前边开口，看着柔软，充水后却比较硬。它靠这个“柱头”往沙里钻，像打柱桩一样，所以被称为柱头虫。一般人即使在海边走，也不会去注意柱头虫的存在。那么为什么在这

> **拓展阅读**
>
> **·鳃　孔·**
>
> 鳃孔是指步带区口缘位置上的膨大孔对。

里要对其介绍一番呢？因为它在生物学家眼里极为重要，它是一种进化过渡型动物，科学家可以从它身上找到无脊椎动物进化到有脊椎动物的证据。

柱头虫是脊索动物中的头索动物，因为它的身体前部只有一段脊索，并有了神经管的萌芽，但柱头虫跟棘皮类动物也有相似之处。别小看这一段脊索，它在生物进化史上可是过渡型的重要证据。这条神经管发展到脊椎动物时，前端就变成了大脑。柱头虫脱胎于无脊椎动物，展露了脊椎动物的“新芽”。在柱头虫身上，虽然还保留着无脊椎动物所具有的腹神经索，但是脊椎动物所特有的背部中枢神经已经出现，背神经脊前端还出现了一段中空的神经管，吻部出现了一段脊椎体的雏形——脊索。这就是生物学家感兴趣的发现。

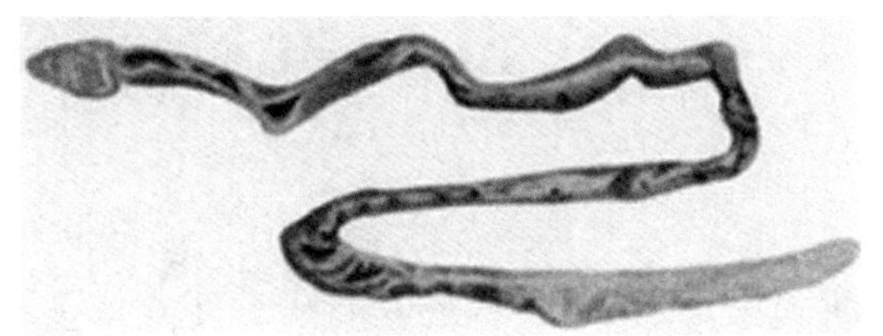

柱头虫

要捉住柱头虫也不容易，因为它的身体很脆，稍微用力就会被碰断。要采到完整的柱头虫，只有用网轻轻地捞。不过断了的柱头虫，你不用担心它会死去，过一段时间它可以再长出一段身躯来。

海中银针——鳗鲡

在我国渤海、黄海、东海、南海及其各通海的淡水河流，日本北海道至菲律宾之间的西太平洋水域及朝鲜半岛、日本、马来半岛，盛产一种诞生在海洋中、成长在河湖中的鱼。它肉质细嫩、味道鲜美，富含蛋白质和脂肪，营养价值高。它就是鳗鲡。

现代动物学的研究表明，鳗鲡是一种具有降河洄游习性的鱼类。每年秋末冬初，成长在河里的鳗鲡在性成熟后便在河口云集，聚成大群，然后集体游向深海去繁殖。鳗鲡的产卵场一般在北纬20°~28°，水深400~500米的冲绳岛附近海域。鳗鲡的产卵量很大，一条可产1 500万粒，卵孵化后变态，成为形似柳叶的幼体，被称为“柳叶鳗”。在漂流至中国、朝鲜、日本大陆架的沿岸前，变态成透明的“玻璃鳗”，并在河口水域变成体表有黑点的“线鳗”，线鳗进入河口以后，或潜伏在河口定居，或上溯到河流的上游或支流，慢慢变成体表黄褐色的黄体鳗。3—7年后，黄体鳗开始性腺发育，逐渐向河口做降海洄游。

知识小链接

鳗　鲡

鳗鲡是一种降河性洄游鱼类，原产于海中，溯河到淡水内长大，后回到海中产卵。

我国古人很早就发现鳗鲡是一种药用价值很高的动物，主治风湿、骨痛、体虚、肺结核、淋巴结核、结核发热、赤白带下等疾病。

拓展阅读

·淋巴结核·

淋巴结核，中医称之为瘰疬，是体现于肌表的毒块组织，是由肝肺两方面的痰毒热毒凝聚所成。

日本每年的7月有“土用日”，即食鳗鲡节，这一天家家户户都要吃鳗鲡。

鳗鲡寿命一般为5—20年，最长的可达80年。

成熟的雄鳗鲡体长 30～40 厘米，雌鳗鲡体长 50 厘米左右。鳗鲡的性腺发育很特别，它们的性别要等到长到 30 厘米以上才能确定。秋季性成熟的鳗鲡顺流而下，沿途跋涉数千里来到太平洋西部海域繁殖后代。雌鱼产卵后就死亡。

鳗鲡为什么能从淡水里游到咸水里生活呢？关键是它有个特殊鳃片，有“氯化物分泌细胞”，用来排出体内多余的盐分，以适应海水中高盐度的生活环境。

鳗鲡的身价很高，一尾 7 厘米长的鳗鲡苗收价就高达 7 角，1 千克鳗鲡苗约值 5 000 元。

“十六只眼”的动物——七鳃鳗

在西沙永兴岛，渔民们偶遇了几条凶猛的鲨鱼。这几条鲨鱼非常怪，是漂浮在海面上、半死不活的状态。后来渔民们在解剖鲨鱼时发现，每条鲨鱼的身体内，都钻进了 10 多条吃得圆鼓鼓的小鳗鱼。这些鳗鱼长得很怪，头部两侧各有 8 个小孔，像是长着 16 只眼睛。据生物学家说，这叫七鳃鳗，“16 只眼睛”是一种误解，最前面的 1 对才是眼睛，后边的 7 对是鳃孔，是排水器官，所以把它称为七鳃鳗。

七鳃鳗

七鳃鳗到底是怎样生活的呢？生物学家说，七鳃鳗体长 60 厘米左右，有着青灰色的圆柱状身体，只有背鳍和尾鳍是黑色的。每年春天，成熟的七鳃鳗从海里进入河口并奋力向上游去，雄鳗矫健，游得快，直到无力战胜水流时，才肯用口紧紧吸在岩石上，开始在水底做窝，等待雌鳗的到来。雌鳗怀着成熟的卵经过长途跋涉终于来到雄鳗的巢里，雄鳗就吸附在雌鳗的头部，一个排卵，一个排精。一条雌鳗能产 8 万 ~10 万粒卵，产卵后的雌鳗、雄鳗都会死去。

七鳃鳗是少数仅存的无颌类脊椎鱼形动物之一。被发现的七腮鳗化石，有 3.6 亿年历史，在恐龙出现之前，所以七鳃鳗被称为“活化石”，对于研究生物进化有重要意义。

知识小链接

七鳃鳗

七鳃鳗，又名八目鳗。它的特点是嘴呈圆筒形，没有上下腭，口内有锋利的牙齿。

有脊椎软骨鱼类动物

SHUI XIA WANXIANG

动物的骨骼系统支持动物的身体，提供肌肉附着的表面，保护体内脆弱的器官。

在低等脊椎动物中，软骨是主要的骨骼成分，柔软而有弹性。在硬骨鱼类及更高等的脊椎动物中，硬骨是主要的支持结构。

鱼类开始有典型脊柱，代替了脊索。两栖类开始具有典型的五趾型四肢，爬行类出现胸廓，直至哺乳类。

鱼类中的“巨人”——鲸鲨

有人说，海洋中最大的鱼当然是鲸。其实这种说法是错误的，因为鲸是哺乳动物，不是鱼类，不能参加鱼类个头比赛。而鱼类的个头比赛中，无论

拓展阅读

·鲸　鲨·

鲸鲨是目前世界上最大的鱼类。鲸鲨为鲸鲨科及鲸鲨属中唯一的成员，是一种滤食动物。

是体态还是重量，鲸鲨都是冠军。最大的鲸鲨长达 20 米，重达 34 吨。你猜鲸鲨的一颗卵有多大？1953 年 6 月 29 日，在美国得克萨斯州伊莎贝尔港以南 209 千米处，拖网渔船“陶里斯”号从墨西哥湾里捞到一颗鲸鲨卵，长 30.5 厘米，宽 14 厘米，高 9.8 厘米。卵中有 35 厘米长的鲸鲨胎儿。

鲸　鲨

鲸鲨的另一名字叫偏头鲨。它长着宽扁的大头、两只小眼睛，一个宽阔的大嘴巴，张开时像一对大簸箕。牙齿又细又小，但有 6 000 颗，一排排白色的小牙尖尖的，向里斜在上下颌上，组成一个牙阵。这个严密的牙阵，不是用来咬东西的，它们只是起着阻挡食物漏掉的作用。鲸鲨没有生长有咬嚼功能的牙齿，你碰到它们的时候不必担心，鲸鲨是温顺的，并不会伤人。

有位名叫汉斯·哈斯的奥地利人，在红海潜水拍照时，遇到了一条 8 米长的鲸鲨。他给它喂食面包，鲸鲨温和地在他身边游来游去，哈斯给它拍了照。第二次潜水时，哈斯又遇到了这条鲸鲨，他又喂它一些吃的，于是他们成了朋友。在十来天水下工作的日子里，这条鲸鲨几乎次次都陪伴着哈斯。后来哈斯的胆子大了，竟骑到鲸鲨的背上，在海上奔驰。

鲸鲨的体色一般呈青褐色，也有呈灰褐色的。深色的条纹和斑点装饰着它的“游泳衣”，越到肚皮下越显白色。靠近脊背的上方每侧有2行从头到尾的皮脊。背鳍没有硬邦邦的棘骨。尾上翘，胸鳍宽大，划起水来很有力。鲸鲨在热带和温带的海域里栖息繁殖，最北达北纬42°，最南达南纬34°，在寒冷的海域里几乎见不到它的踪影。

鲸鲨是如何进食的呢？它先张开大口吞进海水和浮游动物，闭嘴把海水一挤，水从鳃裂里排了出来。这鳃裂生在头部两侧，有5对。相邻一对鳃裂之间生着一张弓形软骨，这就是鳃弓。鳃弓的内侧生着角质的鳃耙，这些鳃耙就像海绵状的过滤器。“过滤器”只让海水通过，食物是无法通过的。鲸鲨靠着这种“过滤器”把海水滤出，把食物集中起来吞咽下去。

知识小链接

鳃　弓

鳃弓是鳃腔内着生鳃瓣的骨骼。

“白色死神”——大白鲨

在鲨鱼家族中，以凶狠残暴闻名的是大白鲨。人们给它起了一个绰号，叫“白色死神”。大白鲨嘴巴大，牙齿十分锋利，可以轻松地将巨大的海龟吞下。它还经常游向浅水和海水浴场，袭击水中的游泳者。

大白鲨又叫噬人鲨，广泛分布于各热带、亚热带和温带海区，在大洋洲海域最为常见，中国沿海有分布。大白鲨一般体长6米左

大白鲨

右。它的祖宗早在1亿年以前就已经遨游在海洋里称王称霸了。经过了漫长岁月，它和其他家族的鲨鱼作为活化石而延续至今。白鲨属于软骨鱼，它们的骨骼是坚韧的白色软骨。修长的体型，发达的两侧肌肉，有力的尾柄，宽大的尾鳍，这些把大白鲨打扮得分外神俊。大白鲨的嗅觉特别灵敏，只要嗅到血腥味它们就会迅速从远处游来。大白鲨的牙齿阴森可怕，像是三角形的利刃，每个齿刃上又长出一些小锯齿，这样每个牙齿就是一把锋利的锯子。这些牙齿排列在嘴里，最多的可达到7排，竟有1.5万多颗，真是两片“牙齿阵”。一旦落入这样的“牙阵”里，被上下咬嚼，立即会被碾成肉酱。大白鲨的牙齿是“多出性牙”，当牙齿因撕咬东西而损毁后，还会重新长出。

大白鲨性贪婪，即使吃得饱饱的，也不会放过嘴边的食物。这是因为它的肚子里有个专门储藏食物的“袋子”，一次可进食200多千克食物，暂时存放着。胃里的食物消化差不多了，就会从袋子里转移一些出来。这样大白鲨即使几天不吃东西，也能从这个海域游到另一海域。大白鲨的食谱可以说是多样化的，海洋里的鱼虾自不必说，鲨鱼、魟、头足类、蟹类、海鸟、海龟、海豹、海豚、鲸鱼及动物腐尸等都是它的食物。大白鲨是卵胎生鱼类，生殖季节在8—9月，一次能产下10尾左右。

尽管大白鲨在海里称王称霸，可是它最怕橙黄色，只要放一块橙黄色的木板在白鲨附近，它就会迅速游开，所以后来人们设计的救生衣就采用橙黄色或黄色。

知识小链接

鱼肝油

鱼肝油由鱼类肝脏炼制的油脂。因富含维生素A、维生素D，故有预防夜盲症和软骨病的作用。

鲨鱼身上有许多吸引着科学家的谜，有些国家还成立了“鲨鱼研究团”。鲨鱼是海洋中的活化石，因为经历了几次沧海桑田的巨变，一些生活在海洋里的鱼类都灭迹了，唯有鲨鱼活到今天。这本身就是一个重大课题。鲨鱼大部分时间生活在完全没有阳光的深海里，但能迅速地猎捕到海面的食物。鲨鱼的胃不但能储藏食物，而且还具有保鲜功能。特别引起科学家兴趣的是鲨鱼从不生病，也不会被细菌感染。原来鲨鱼的血液中有各种抗体，可以抑制和消灭病菌、病毒和其他病原体。科学家在实验中把鲨鱼的抗体和人类的抗体做了比较，发现人的大部分抗体是由脾脏产生的，但如果把鲨鱼的脾脏切除，伤口敞开，使五脏六腑全泡在水中，伤口也不会发炎。假如把鲨鱼血液中的抗体提取出来，就可以抑制癌组织、流感病毒和其他常见病多发病的扩展。因此，如何在鲨鱼身上提取抗癌药物，是科学家正在研究探索的新课题。可见，“海中老虎”——鲨鱼浑身是宝，是重要的水产资源。

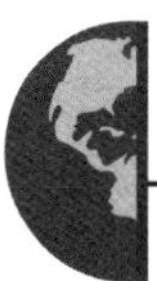

有脊椎硬骨鱼类动物

SHUI XIA WANXIANG

有脊椎硬骨鱼类，鱼纲的1个主要大类群，是水中生活种类最多的动物。骨骼多为硬骨，脊椎骨为双凹形，有上枕骨，一般体被硬鳞、圆鳞或栉鳞，少有裸露无鳞的。侧线明显。鳃裂一般每侧有4个，鳃间隔退化，鳃瓣直接长在鳃弓上，外被一骨质鳃盖。口位于吻端，一般有鳔和幽门盲囊。

我国人民爱吃的“家鱼”——黄花鱼

黄花鱼有2种，一种叫大黄鱼，一种叫小黄鱼。它们是不同种的鱼类，只是亲缘关系很近。因为它们有相似的颜色和外貌，因此被误认为是一种鱼。只要细细观察就能发现二者的区别：大黄鱼的头、眼睛较大，尾柄较低；而小黄鱼的头较长，眼睛较小，尾柄略高。大黄鱼有椎骨25～27枚，小黄鱼有椎骨28～30枚。大、小黄鱼都分布在我国沿海浅海区域，它们的洄游活动范围较小，是我国海洋中的“家鱼”。它们肉味鲜美，产量较大，在我国海洋渔业中占有重要位置，是近海的重要经济鱼类。

根据栖息海域不同，大黄鱼可分为 3 个地理种群：南黄海—东海地理种群、台湾海峡—粤东地理种群、粤西地理种群。大黄鱼一年到头都吃东西，胃口在秋季最好。它的食物花样众多，吞食鱼、虾、蟹、贝类。大黄鱼产卵时，多密集成群，栖息在海水中、上层，形如山峰。福建渔民说："过去鱼多时，连竹篙插下去也倒不下来。"

·洄　游·

洄游是指水生动物为了繁殖、索饵或越冬的需要，定期、定向地从一个水域迁移到另一个水域的运动。

大黄鱼产卵时雌鱼不断发出"咯……咯……"的声音，使产卵区异常热闹，如同雨后夏夜池塘里的蛙鸣一样。这种声音是大黄鱼腹肌收缩与鳔相摩擦而产生的。在古代，我国渔民就知道根据黄花鱼发出的声音来判断鱼群的大小、栖息的水层和动向，以便及时下网捕捞。直到今天，不少渔船还在依靠大黄鱼发出的声音来下网作业。

大黄鱼的产卵场多位于沿海岛屿环列之处或内湾深沟上方，地形一般较复杂，潮流湍急，水温在 16℃ ~22℃。大黄鱼产卵数量很大，平均每尾产卵 38 万粒左右，最多产卵 160 万粒。

小黄鱼的生活习性与大黄鱼不同：它们白天躲在水底下，在黄昏和黎明时游到上层来寻食。中国近海小黄鱼分成四个种群，即黄海北部—渤海群、黄海中部群、黄海南部群、东海群。不管哪个种群的小黄鱼，3 年就全部性成熟。它们和大黄鱼一样，也是一种广食性鱼类，以糠虾、毛虾、小型鱼类、蟹以及浮游甲壳动物为主食。小黄鱼也是一年到头吃东西，但在夏秋之间胃口最好。小黄鱼的鳔也能发声。

黄花鱼又名“石首鱼”。李时珍说：“黄鱼生东海中，形如白鱼，扁身弱骨，细鳞，黄色如金，头中有白石两枚。莹洁如玉，故名石首鱼。”黄花鱼还是一味重要的中药。《中国医药大辞典》指出，黄花鱼性甘平，有开胃益气之功效。临床实践也证明，经常吃黄花鱼能增进食欲，防止脾胃疾患和尿路结石等症。有药方说：黄花鱼配大枣15克、生姜1片清蒸，熟后加黄酒少许，可治疗慢性胃病，尤对虚寒型为宜。鱼脑石5～10粒，焙干研成极细粉末，以温水送服，可治疗小便不通、膀胱结石。

大、小黄鱼都是我国的经济鱼类，鲜吃和加工成干片都是美味菜肴。用它们的鳔制成的筒胶和片胶，更是我国出口的传统产品。

胆小贪食的鱼——石斑鱼

石斑鱼又叫鲙鱼，是暖水中的下层鱼类，分布于中国东南沿海、朝鲜、日本西部及印度洋等区域。它肉质细嫩鲜美，是餐桌上的佳肴。

石斑鱼橘红色的背上，栉鳞细小紧密，上面缀饰着灰黑色的条状斑花，真是美极了。为了将它卖个好价钱，一些渔民在钓上石斑鱼后迅速用针刺向鱼腹，于是胀鼓鼓的鱼腹立即瘪了下去。因为石斑鱼钓上来之后，它的

趣味点击

·石斑鱼·

石斑鱼，属鲈形目，体呈椭圆形，稍侧扁。口大，具辅上颌骨，牙细尖，有的扩大成犬牙。体被小栉鳞，有时常埋于皮下。背鳍和臀鳍棘发达。尾鳍呈圆形或凹形。体色变异甚多，常呈褐色或红色，并具条纹和斑点。石斑鱼为暖水性的大中型海产鱼类。

鱼膘会立即鼓气，然后石斑鱼就会很快死去。只要把鱼膘里的气放出来，然后迅速养在海水船舱里，石斑鱼就能存活了。

石斑鱼胆小，不喜远游，只成群结队地栖息在岩礁缝隙或沙砾质的海区，以小虾、小鱼和贝类为食。由于它们常钻在石缝里生活，所以用渔网是很难捕捉的，只有靠钓取。每年5—9月，是钓石斑鱼的黄金季节。根据季节和水温的变化，渔民垂钓时选择的鱼饵也有所不同：5—6月用小虾，6—7月用泥鳅，8—9月用小蟹。

在西沙钓石斑鱼多用鸡毛和白布，原因是白色在蓝水中目标突出，再加上钓鱼船在移动，石斑鱼误认为诱饵是动物，因此就猛地冲上来，凶狠地一口就吞下了。

会跃飞的鱼——飞鱼

飞　鱼

到西沙旅游时，你会被飞鱼表演所吸引。在阳光照耀下，飞鱼在舰船前方的两舷，像箭一样破水而出，张开亮晶晶的鱼鳍，飞出20米以外，然后又呼一声落进海里。舰船在航行，飞鱼几乎不间断地跳跃飞翔，实为海上奇观。有位船员早晨在甲板洗脸，突然一条飞鱼飞进了脸盆里；还有一位船员的“帽子”被飞鱼“摘走”，落在大海里。

飞鱼为什么要冲破水面飞翔呢？原来，飞鱼在被金枪鱼等肉食性鱼类追赶时，会以极快的速度用长而有力的尾柄和尾鳍下叶猛击水面，使身体腾空而起，继而展开“翅膀”——胸鳍滑翔。在漫长的进化过程中，飞鱼练就了一身“飞行”的本领。飞鱼可离开水面8~10米，滑翔距离可达200米以上。有时飞鱼还会飞到舰船甲板上。

飞鱼实际是在滑翔而不是在飞，因为在它宽大的胸鳍基部没有运动的肌肉，所以胸鳍展开时不能扇动，而只能靠风力作用滑翔。

海中的热血动物——金枪鱼

金枪鱼，身形滚圆，有青褐色的斑纹，头大而尖，尾柄细小，一般体重为3~5千克，大的有上百千克。它肉嫩味鲜，营养价值高。

金枪鱼是热血动物，体温高，新陈代谢旺盛，因此反应敏捷，游泳速度快，捕捉小鱼、小虾非常神速，有“海中超级猎手”之称。

金枪鱼

捕捞金枪鱼最早的地方，是意大利西西里岛。每年5—6月，金枪鱼从大西洋北部开始它们的大迁移，它们必须穿过西西里岛和阿维那岛之间的狭窄水道，前往位于特尔霍兹海产卵栖息地。而就在它们蜂拥前行的路上，西西里岛渔民早已布下绵延数千米的迷宫般的捕网。无数拼命挣扎的金枪鱼，最终像进入漏斗一样进入了“储藏室”。

几个世纪以来，这座岛上的渔民都以捕捞金枪鱼为生。在汛期来临之际，他们往往要耗费几十天的时间来布撒极其复杂的锥形大网。这种庞大的网长达数千米，有无数浮标挂在沉重的渔网上。渔民期待着无数“猎物”进入他们的网中，这也是他们千百年来的谋生方式。但是，随着时间的推移，这种生活方式正在改变，因为渔民们已经意识到——当年成千上万的金枪鱼，如今变得越来越少了，有些地区，如加勒比海已很难寻觅到蓝金枪鱼了。

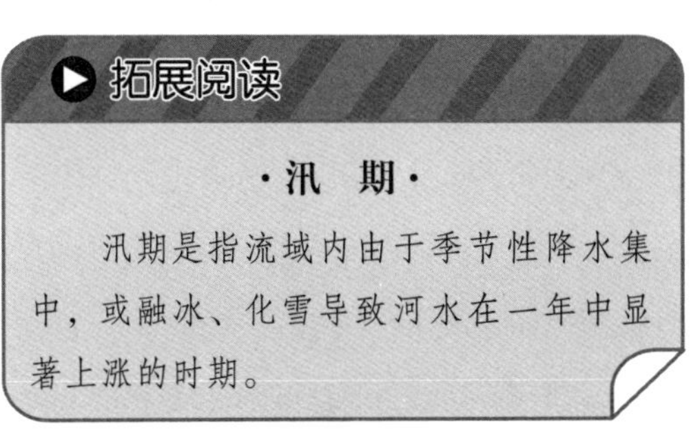

西西里岛海域里的金枪鱼为何数量会锐减呢？主要是地中海受到严重污染，大批鱼类相继死亡。即使如此，仍然有大批现代化拖网渔船在追捕快要绝种的金枪鱼。大型拖网渔船吨位不断提高，无节制的狂捞滥捕使得金枪鱼的数量锐减。《世界自然保护联盟濒危物种红色名录》将蓝鳍金枪鱼列为极危（CR），其处于过度开发状态。

鲜美而有巨毒的鱼——河豚

海洋里有毒的鱼据说有上百种，有的是鱼肉有毒，有的是鱼卵有毒，有的是鳍和刺有毒。在这些有毒性鱼类中，有脊椎硬骨鱼的代表要算河豚了。

我国宁波一带、日本许多地方，都有“冒死吃河豚”一说。为什么呢？因为河豚的肉质细嫩，味道格外鲜美。有的渔民说：“吃了河豚百味无。”这当然是夸张的说法，但足以说明河豚的美味。也正因为这种美味的诱惑，使一些贪吃的人中毒身亡。

河　豚

据生物学家的解剖研究，河豚的毒素主要分布在肝脏、血液、皮肤、眼睛及生殖腺里。它的毒性远远胜过一般的化学毒品。科学家经过化验分析出，2千克重的河豚含有的毒素足以使33人死亡。

也许人们会问：河豚的毒从哪里来的呢？生物学家推测，河豚的毒是从食物中来的，但若干年来都找不到证据，因此这个谜一直没有解开。

趣味点击

·河　豚·

河豚，属硬骨鱼纲，鲀形目，是暖水性海洋底栖鱼类，分布于温带、亚热带及热带海域，是近海肉食性底层鱼类。

河豚体内含有一种剧毒，即河豚毒素。国内外学者对河豚毒素的来源进行了一系列的研究，发现河豚毒素不仅存在于河豚鱼中，而且广泛分布在其他动物体内，如纽虫、蝾螈、树蛙等两栖动物中，同时还发现多种细菌也可产生河豚毒素，但其中既有外源性学说又有内源性学说，仍无法下定论。

奇妙古怪的鱼类动物

SHUI XIA WANXIANG

世界上现存已发现的鱼类约 26 000 种，其中在海洋中生活的约占 2/3，其余的生活在淡水中。中国有 2 500 种，其中可供药用的有百种以上。另外，还有些鱼被当作医药工业的原料，例如鳕鱼、鲨鱼或鳐的肝是提取鱼肝油的主要原料。

头长锯子的鱼——锯鳐

锯鳐这种奇特的鱼的吻部向前突出，好像一把扁平的长剑，“长剑”两侧的刃上长着 21 ~ 35 对大小相对应的锯齿。这些锯齿的根部深深埋在吻软骨的齿窝里，非常坚固。整个突出物像把双面有齿的刀锯。锯鳐的名字由此而来。

锯鳐体长一般为 5 ~ 7 米，最大的长 9 米左右，它是一种大型的软骨鱼。一条体长 5 米的锯鳐，头前的锯就有 2 米长，锯宽 30 厘米左右。锯鳐顶着这把威风凛凛的“刀锯”，在海洋中也算个霸王了，连鲸和鲨对它也是避而远之。

锯鳐

锯鳐头前的这把锯，既是捕食工具，又是防御和进攻的武器。它的食物范围很广，从埋在沙里的小动物到大型鱼类，都是它吞食的对象。锯鳐想吃沙里的海味时，就用锯翻掘海底，把藏在里面的小动物挖掘出来；想吃鱼时，就冲进鱼群，左拉右锯，那些不幸的伤亡者就成了它的“菜肴”。大敌当前时，锯鳐也会毫不犹豫地发起进攻，用锯齿刺穿对方的身体，撕裂对方的皮肉。

锯鳐是胎生动物，雌鱼体内受精，胚胎在母体内发育，待长成和亲鱼相仿的体形时，才产出体外。当然，锯鳐的胎生和高等动物的胎生不同，它的胚胎发育所需的营养靠卵巢黄供给，这种胎生叫作“卵胎生”。锯鳐一次可生十几条小锯鳐。

人们也许会问：这么多小锯鳐在母体里，不会把母鱼的肚子锯开吗？其实不必担心，出生前小锯鳐的锯是包裹着一层薄膜的，母体可以使小锯鳐顺利产出而自身不受伤害。小锯鳐出生后，薄膜脱落，锋利的锯齿才显露出来。

锯鳐生活在热带海洋里，是暖水性近海底栖鱼类。我国南海、东海及台湾、广东沿海一带都捕获过这种鱼。

能腾空飞翔的巨鱼——蝠鲼

陆地上的蝙蝠大家都见过，飞起来有两扇软柔柔的翅膀。那么海洋里有没有模样像蝙蝠的鱼呢？有的，这就是善于腾空飞翔的巨鱼——蝠鲼。

蝠鲼头上生着2个可以摆动的“角”，叫作“头鳍”，左右2个大的胸鳍和体躯构成一个庞大的体盘。蝠鲼游起来时，胸鳍上下摆动，就像鼓翼飞翔的蝙蝠。背上披着件灰绿底子带白斑的“衫子”，腹面雪白。鞭状的尾巴在游泳时起着平衡作用。蝠鲼生活在海底，两个胸鳍就是它在水中“飞翔”的翅膀。每当生殖季节时，雌雄蝠鲼相伴游到海面，来了兴致情绪时，会突然鼓动双鳍拍击水面，有时猛地跃水腾空，飞离水面4米多高，拖着长尾滑翔。这个大家伙跃落海面时，那响声就像一颗重磅炸弹落海爆炸一样。为什么蝠鲼喜欢跃水腾空，至今是个谜。

△ 蝠　鲼

当蝠鲼冲入鱼群中捕食时，2个头鳍不停地向嘴方向摆动，把食物迅速拨进嘴里，这种进食方式在动物界也是绝无仅有的。

医术高明的“鱼大夫”——隆头鱼

人生病要看医生，那鱼生病了怎么办？海洋生物学家经过长期观察发现，鱼也有自己的“医生”，隆头鱼就是其中之一。

隆头鱼

有的鱼生了病就游到隆头鱼那里请求治疗：身上若有组织感染，隆头鱼就给它清除掉；若长了寄生物，隆头鱼当场就把寄生物吃掉。每当“鱼大夫”在治疗时，“病人”总是十分安静，把受病的部位展现出来，就连最宝贵的鳃盖也毫无保留地展开。如果拥挤，“病人”会静静地排队等候治疗。如果有个别鱼儿捣乱，隆头鱼一气之下就会停止工作，这时，“病人”会自己整顿秩序，并把“大夫”围起来，请求诊治。

隆头鱼是彩色小鱼，它的小嘴里长着尖锐的细齿，小小的厚嘴唇可以向前伸出来，能把小甲壳动物等硬壳的食物啃下来，它就是凭着这副尖尖的小嘴来“行医”的。因为隆头鱼是大型鱼类的“清洁工”，以剔取石斑鱼、鳗鱼、笛鲷及其他定期来访的体外寄生物为食。隆头鱼那扁扁的身躯似乎也是为了“行医”的方便才长的。身上鲜艳的色彩也使“病人”们一下子就能认出这位“鱼大夫”。

隆头鱼世世代代在海洋里开展“医疗业务”，每到生殖季节就纷纷到岩缝里安家产卵，雌雄鱼共同捡拾海藻把卵盖好，通常是由雄鱼看护，直到孵出小鱼。

海洋里的“鱼医生”并不只有隆头鱼，干这职业的生物真不少。热带海里有种虾叫清洁虾，也是专门开“诊所”的高手。这种虾主要包括猬虾和黄背虾，它们不仅长着同一色斑标记，而且栖息于同一个地区，但开的“诊所”有明确分工。猬虾工作场所宽敞明亮，在大洞穴，它专门给大鱼“治病”；而黄背虾却宁愿待在狭小阴暗的洞里，只为那些小鱼“治病”。尽管它们是“亲戚”又是同行，却各干各的活，互不干预。温带的清洁虾不爱开固定的“诊所”，而是爱成百上千地组成“医疗队”，在海洋里为鱼儿“巡诊”。

这些“鱼大夫”为何自愿干上这一行呢？其实很简单，这只不过是生物界中一种互助现象。科学家称其为“清洁共生”——鱼虾需要除去身上的寄生虫、霉菌和积垢，而“鱼大夫”由此获取食物并赖以生存，两者互利共生、相辅相成。

背树战旗的鱼——旗鱼

旗鱼是一种大型鱼，一般长 2 米左右，上颌像剑一样突出。通体青褐色，有灰白色的斑点，这些圆斑连成一条条线。第一背鳍发育成一片宽阔的“帆”，展开来又像一面旗帜，因此人们称它为“旗鱼”。这面旗上缀着黑色斑点，很威风。它的第二背鳍却只有一点点。它的腹鳍很特别，长成两根细长的鳍棘，胸鳍像两把刀。当旗鱼跃出海面，张开那面“旗”飞起来时，既威风又美观。

船在海上航行时，可以见到数百条青鱼，一会儿排成八路纵队，一会儿散开成圆圈旋转起来。就在这群青鱼欢乐游动时，突然闯进一个庞大的侵略者，那样子像一条剑鱼，嘴上伸出一把长长的“宝剑”，东砍西杀，青鱼被杀得惊慌乱跳，被撕裂、撞碎，入侵者背上一面大旗威风凛凛地挥动着，这就是旗鱼。它那尖尖的尾鳍也像两把利刃，左挥右舞。那些侥幸没有碰上它的青鱼赶紧逃命。

旗　鱼

旗鱼是热带、亚热带大洋性上层鱼类，性情相当凶猛，游速相当快，经常侵入鱼群，那长吻像剑一样，可以穿透或撕裂鱼体。它的肉味鲜美，经济价值也很高。

会爬树的鱼——弹涂鱼

弹涂鱼是一种非常古怪的鱼，它会爬到海边的树上捕小虫吃，会从树上一下弹跳到海里。

弹涂鱼有一对大眼睛，两只胸鳍像两条强壮的臂膀支撑着身体，身后拖一条尾巴。它有着蓝绿色的皮肤，张着带有深色斑点的背鳍。

有人把弹涂鱼称为“陆地鱼”。弹涂鱼既然是鱼类，为何要上陆地来呢？这是因为落潮后，它们在海滩上游逛可以捕到更多的食物，所以它们对陆地很有兴趣，经常从水里跳到陆地上来，或在沙滩上，或在潮湿的洼地里。它们世世代代跳来跳去，那一对用来游泳的胸鳍就越来越强壮，竟然可以用来爬行了。弹涂鱼有时会爬到树上乘凉或捕捉小虫，只要它用力一跳，大嘴一张，那小虫就吞进了它的肚里。那些陆地上的甲壳类动物，更丰富了它的“食谱”。它上陆后一只大眼睛不停地转动，搜索着身边的食物，另一只眼睛在时刻关注可能出现的敌害，警惕性很强。当它觉得机会来了时，便“叭”一声敏捷地将食物吞进肚子里。

生物学家对弹涂鱼相当重视，因为从它身上可以找到动物从水生渐渐进化到陆生这一过渡阶段的证据。那么，为什么它离水上陆不像别的鱼一样会死亡呢？一般来说，鱼是用鳃呼吸溶解在水中的氧的，所以一旦离开水，便没有办法生存，会活活憋死。然而有少数鱼类可以暂时离开水或者在含氧量极少的水中生活，这是因为它们除用鳃呼吸以外，还可以用皮肤、肠、咽喉壁、鳃上器官等来呼吸空气，这些起呼吸作用的构造被称为辅助呼吸器或副呼吸器。

具有辅助呼吸器的鱼类多见于热带和亚热带海域，弹涂鱼就是其中之一。它凭借皮肤和口腔黏膜的呼吸作用摄取空气中的氧，因此，它能爬树，能在滩涂上跳来跳去，成为热带、亚热带地区海滩上最活跃的一员。

你知道吗

·黏　膜·

黏膜是口腔、器官、胃、肠、尿道等器官里面的一层薄膜，内有血管和神经，能分泌黏液。

双眼长在一侧的鱼——比目鱼

比目鱼是长得很奇特的鱼，不但一双眼睛都长在身体一侧，而且嘴长在头的一旁。据科学家的观察，比目鱼的卵孵出的小鱼，跟别的鱼一样，嘴和双眼长的位置都正常，只是在小鱼进一步发育成长时，为了适应海底生活，眼睛和嘴巴移位了。

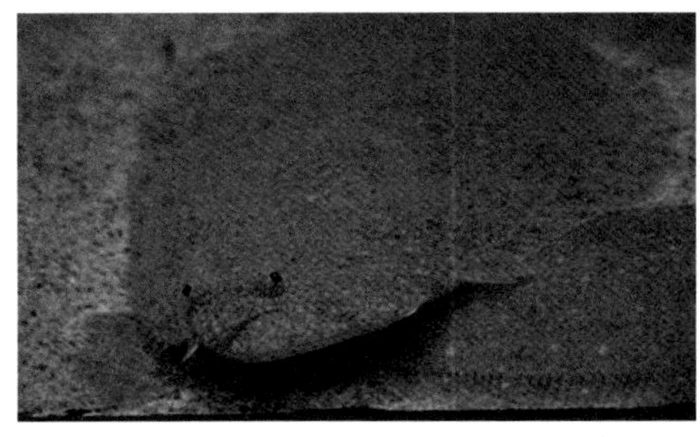
比目鱼

有潜水员在水下亲眼见到一只比目鱼是怎样制服鲨鱼的。只见一只比目鱼躺在海底，鲨鱼以为一口能把它吞下，可是比目鱼一见到鲨鱼立即分泌出一种乳白色的毒液。这种毒液相当厉害，当鲨鱼张开嘴要吞噬比目鱼时，毒液起作用了，鲨鱼的咬肌麻痹，没有力量把张开的大嘴闭拢起来。鲨鱼张着大嘴只好逃走。几分钟之后，毒素药劲过去了，那条鲨鱼有些不甘心，又游回来要吞噬比目鱼，结果跟前一次一样，比目鱼再次释放毒液，鲨鱼只好又游走了。这种乳白色的毒液即使稀释5 000倍，也能毒死海洋里的一些小动物，但对人体无害，因此人类可以食用比目鱼。

比目鱼肉质细嫩，味道鲜美，也算上等经济鱼类。世界上许多国家已经对比目鱼开展人工培养。

比目鱼跟乌贼一样，也具有变色的才能，它栖息海底，背部颜色可随着海底环境的变化而调色，始终跟海底基色保持一致，以便于保护自己，捕捉食物。

奇特的鱼类——海马

说海马奇特，是因为它的外形古怪，和一般鱼很不相同：它的头部像马，身体和尾巴不像马，尾部细长而弯曲，体形侧扁，腹部突出，全身既无毛又无鳞，呈黑褐色，体表披着坚硬的环状骨板，看上去瘦骨嶙峋。因其头部酷似马头而得名。海马一般体长 10 ~ 20 厘米。海马的形态虽然与鱼类有较大的差别，但其生理结构却明显具有鱼类的特点：用鳃呼吸，有脊椎骨，有胸鳍、背鳍和臀鳍。所以生物学家在分类时将海马列入脊椎动物亚门、硬骨鱼纲、海龙科、海马属。

海马一般栖息于水质清澈、暖和、底质石砾、海藻丛生及岩礁的沿海海域。海马性情温和，行动迟缓，经常直立游泳。海马总爱将尾巴缠附在海藻或其他漂浮物上，或海马之间以尾相互缠绕。海马头重尾轻，尾巴一脱离漂浮物，头就会沉下水去，必须依靠背鳍的频繁拨水和胸鳍的帮助才能恢复直立姿态。

海马虽嘴巴像条小烟管，口内无一颗牙齿，却专吃虾类，如小糠虾、磷虾、毛虾、钩虾等，不吃植物性食物及其他动物。海马在觅食时，一旦发现目标，就会用管状的吻将食物与水一起吸进嘴里，然后再将水吐出。海马的吻管内壁生有许多微小而细长的纤毛，可以代替鳃，防止到嘴的食物又随着海水一起被吐掉。

母亲生儿育女是世间天经地义的事，父亲承担“怀孕生育”的任务在动物界中却是少有的。然而，海马的繁殖也许会使许多人感到不可思议：海马由雄海马“生孩子”。雄海马有点像陆地上的袋鼠，臀鳍末端长着一个“育儿袋”，袋壁中充满大量血管，可以为

"胎儿"供应足够的营养。

海马进入繁殖期时，雄海马的育儿袋变厚变大。雌雄海马成双成对地将尾巴缠在一起，身体由黑褐色变成淡黄色，好像换上了一套漂亮的礼服。它们时而直立，时而平游，经过一段时间的嬉戏，双双沉下海底进行交配，雌海马将突出的输卵管插入雄海马的育儿袋中，把成熟的卵一粒一粒地送进育儿袋，同时，雄海马也排出精子，使卵子在育儿袋内受精。此后，雄海马就独立担负起哺育下一代的重任。

经过 10~20 天的发育，小海马们就要出世了。此时雄海马的育儿袋变得越来越大，分娩前，雄海马呼吸加快、情绪紧张，产仔多在黎明时分。生产时，雄海马的身体剧烈地前后伸屈，腹部强烈地收缩，经过数次抽搐、痉挛，小海马终于被一尾一尾地从育儿袋中挤压出来。刚出世的小海马只有几毫米大，样子像孑孓，能在水中游泳。大约 1 个月后，小海马就能长到 4~5 厘米了。

海马素有"南参"之称，是一种经济价值很高的名贵中药材。医学实践证明，海马具有健身补肾、消炎止痛、止血催生、强心提神、减压降热等作用，对于神经系统的疾病有奇效。克氏海马为国家二级保护动物。

海马虽然行动迟缓，但它神秘的外表和环状骨板使得它们能够逃脱一些掠食动物的魔爪。海马还能在数秒钟之内像变色龙似地使肤色变得和周围颜色一样，并且还会吸引众多的微生物和藻类植物固着在其表面，使得一些粗心的敌害难以辨认。海马还能长出较长的皮肤附属器官，以便吸附于周围的植物上面，从而起到隐蔽作用。

尽管如此，海马依然常遭到海蟹、鳐鱼、魟鱼、金枪鱼和真鲷鱼等的捕杀。另外，暴风雨及真菌、寄生虫和细菌的感染对海马的生存也构成了极大的威胁。更主要的是，人类的滥捕乱食及环境的污染使海马的数目正在日益减少，其躯体也越趋缩小，肤色日渐暗淡，保护野生海马的任务已经显得很迫切。

三条腿的鱼——鼎足鱼

传说有一种动物叫“金蟾”，有3条腿，在“刘海戏金蟾”的图画可以看到，但这其实是艺术家的一种想象。那么在海洋动物世界里，到底有没有3条腿的动物呢？有的，在2 000米左右的深海里，就生活着一种3条“腿”的鱼，它就是鼎足鱼。

拓展阅读

·鼎足鱼·

鼎足鱼的3条“腿”，是一对胸鳍和一个尾鳍发展起来的。这3条“腿”细长坚韧，既是鼎足鱼的运动器官，也是它的感觉器官。鼎足鱼的“腿”可以爬行、跳跃，发现敌害，搜寻食物，既代替了手臂，也代替了眼睛。

鼎足鱼有许多感觉神经末梢分布在这3条细长的鳍上，它跟许多深海鱼类一样，皮色是白的，它的眼睛也基本看不见东西。为什么会如此呢？这与它的生活环境有关。深海没有阳光，一片漆黑，因此皮肤变成了白色的；眼睛长期看不到东西，逐渐退化了。为了在黑暗中生存，寻找食物，感知环境，鼎足鱼就发展了它们的鳍。

五彩缤纷的观赏鱼类

SHUI XIA WANXIANG

只要到过海洋博物馆，你一定会被五颜六色的鱼群吸引。那一个个绚丽多彩的画面真让人目不暇接，尤其是海洋的观赏鱼类，它们的色彩要比画家的颜料配色多得多，鲜艳得多。生物学家说，世界上鱼类的色彩远比昆虫和鸟类的色彩更为迷人，这恐怕不无道理。

世界上最有文化内涵的观赏鱼——金鱼

金鱼和鲫鱼同属于一个物种。金鱼也称“金鲫鱼”，是由鲫鱼演化而成的观赏鱼类。金鱼的品种很多，颜色有红、橙、紫、蓝、墨、银白、五花等，我国习惯上将其分为金鲫种、文种、龙种、蛋种和龙背 5 类。

皇冠金鱼起源于我国，我国在 12 世纪已开始金鱼家化的遗传研究。经过长时间培育，金鱼品种不断优化，现在世界各国的金鱼都是直接或间接从我国引种的。

在人类文明史上，中国金鱼已陪伴着人类生活多个世纪，是世

金　鱼

界观赏鱼史上最早的品种。在一代代金鱼养殖者的努力下，中国金鱼至今仍向世人演绎着动静之间美的传奇。

金鱼易于饲养，形态优美，能美化环境，很受人们的喜爱，是我国特有的观赏鱼，属于盆养及池养的观赏鲤科鱼类，近似鲤鱼但无口须。在中国，金鱼至少在宋朝即已家养。野生状态下，体呈绿褐或灰色，然而现存在着各种各样的变异，体色可以呈黑色、花色、金色、白色、银白色，以及出现三尾、龙睛或无背鳍等变异。这样不正常的个体经过几个世纪的选择和培育，已经产生了125个以上的金鱼品种，包括常见的具有三叶拂尾的纱翅、戴绒帽的狮子头以及眼睛突出且向上的望天。金鱼属杂食性动物，以植物及小动物为食。在饲养条件下也吃小型甲壳动物，并可用剁碎的蚊类幼虫、谷类和其他食物作为补充饲料。春夏进行产卵，进入产卵时期，金鱼体色开始变得鲜艳，雌鱼腹部膨大，雄鱼鳃盖、背部及胸鳍上可出现针头大小的追星。卵附于水生植物上，孵化约需1周。观赏性金鱼已知可活25年之久，然而平均寿命要短得多。在美国东部很多地区，从公园及花园饲养池中逃逸的金鱼已经野化了。野生后的金鱼复原了本来的颜色，并能由饲养在盆中的5~10厘米长到30厘米。

金鱼是我国人民乐于饲养的观赏鱼类。它身姿奇异、色彩绚丽，可以说是一种天然的活艺术品。根据史料的记载和近代科学实验的资料，科学家已经查明，金鱼先由银灰色的野生鲫鱼变为红黄色的金鲫鱼，然后再经过不同时期的家养，由红黄色金鲫鱼逐渐成为各个不同品种的金鱼。红色鲫鱼作为观赏鱼，远在中国的晋朝就已有记录。在唐代的“放生池”里，开始出现红黄色鲫鱼。宋代开始出现金黄色鲫鱼，人们开始用池子养金鱼，金鱼的颜色出现白花和花斑两种。到明代，金鱼被搬进鱼盆。金鱼在动物分类学上是属于脊索动物门、硬骨鱼纲、鲤形目、鲤科、鲫属的硬骨鱼类。

鱼类和人类的关系甚为密切，早在石器时代，人们就捕捉鱼类作为食物。在距今3 200多年前，中国已有了养鱼的记录（根据殷墟出土的甲骨卜辞）。由于长期的捕鱼、养鱼，同鱼类接触的机会颇多，因此人类观察鱼类的机会非常之多，对鱼的了解也多，所以很容易发现在野生鱼类中发生变异的种类，尤其是变为金色或红色的种类。当时人们把金色或红色的鱼统称为“金鱼”。

拓展阅读

·殷　墟·

殷墟是我国商朝后期的都城遗址，位于河南省安阳市区西北小屯村一带，距今已有3 300多年历史。殷墟因出土大量带有甲骨文的器具和青铜器而驰名中外。

金鱼的故乡是在浙江的嘉兴和杭州两地。根据日本学者松井佳的研究，中国金鱼传至日本的最早记录是1502年。金鱼传到英国是在17世纪末叶到18世纪中叶，传到美国是在1874年。

金鱼的外部形态与鲫鱼有着极大的不同，几乎没有一个单一性状没有发生变异。其体态变异包括体色、体形、鳞片数目、鳞片形态、背鳍、胸鳍、腹鳍、臀鳍、尾鳍、头形、眼睛、鳃盖、鼻隔膜等方面。这里主要举出体色的变异、头形的变异和眼睛的变异。

金鱼的种种颜色，主要是由于真皮层中许多有色素皮肤细胞中的枣色素细胞所产生。金鱼的颜色成分只有 3 种：黑色色素细胞、橙黄色色素细胞和淡蓝色的反光组织。这些成分都存在于野生鲫鱼中。家养金鱼鲜艳多变的体色，只不过是这 3 种成分的重新组合分布，强度、密度的变化，或其中某个成分的消失而形成的。

同种鱼类的不同个体可能具有不同的色彩。对于某些鱼类，同一个体的体色，在一定的范围内会随着背景的改变而发生变化。这是鱼类对生存环境的特殊适应。由于物种的不同，变色的能力、速度也会有所不同。

会变色的鱼类特别多，金鱼是其中一种，变色主要受神经系统和内分泌系统控制，大多数鱼类对颜色的感应主要依靠头部神经系统。变色主要是为了适应环境色彩，同时还有其他原因，比如：在受电光照射后，鱼就会把一定的颜色和斑纹显示出来；当鱼受伤、生病或水中缺氧、水质变差时，鱼的体色会变暗，失去光泽。

金鱼虽是一种经人类完全驯化的杂食性鱼类，但是，它和鲫鱼等其他鱼类一样，饲料选择是否合理、投喂是否正确可直接影响金鱼的生长发育、色彩的深浅和鲜艳程度、特征的显现、丰满与否，以及产卵数量、孵化率和金鱼的抗病力。所以，金鱼的饲料必须具有蛋白质、脂肪、碳水化合物、各种维生素、一定量的无机盐类及微量元素等。例如，在其他条件完全相同情况下，凡是能每天吃到足够的新鲜红虫的金鱼，鱼体会生长发育得更好，尤其是狮子头、水泡等特征（指肉瘤

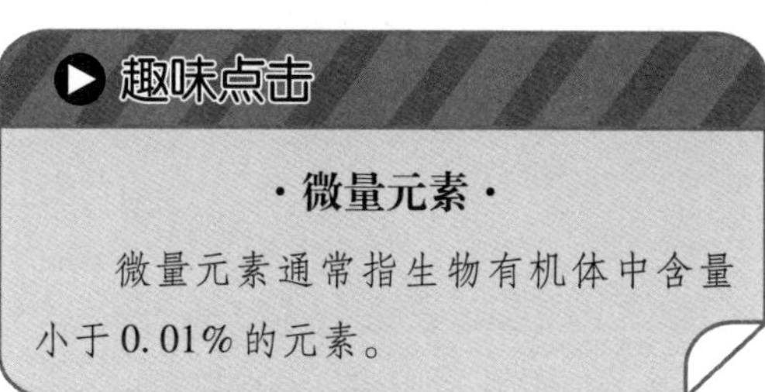

和水泡）更为发达，这也许就是红虫中含有大量的动物性蛋白质、脂肪、碳水化合物等营养物质的缘故。

海洋天使——雀鲷和真鲷

雀鲷是个庞大的家族，约有250种，它们都穿着华丽的外衣，为海洋增加梦幻的色彩。因此，人们把这类鱼称为海洋天使。

雀鲷家族的斑马天使鱼，浑身都是由黑、黄、白等条纹组成的图案，使人想起非洲原野上的斑马；蓝环纹天使鱼在墨绿底子上，绣出湖蓝色的条纹，那尾鳍却又像瓷釉一样由绿变白；全蓝天使鱼穿着金黄色的上衣，下身穿的却是蓝色的袍子；柯蓝天使鱼、皇后天使鱼、黄面天使鱼等，都各自打扮得妖妖娆娆。

雀 鲷

这些海洋中的美丽天使，平时喜欢独自寻食、游泳，在珊瑚礁里占有自己的领海。它们十分敏感，如果同类侵入自己的领海，它们就会威风凛凛地发起脾气，那身上的颜色也比平时更艳丽，好像在对入侵者说：“你比不上我漂亮，还是快躲开去吧！”如果入侵者不听它那一套，还要待在那里，那么一场恶斗立即就会发生。只有在交配季节，它们才对异性显得比较温和。它们产卵在岩石缝里，并且会严密守卫着卵，直到小鱼出世。

真鲷，体长椭圆形，侧扁，形体优美、色彩艳丽，红色的身体上散缀着许多闪闪发光的翠蓝色斑点，宛如镶嵌在体表上的一些蓝宝石，红蓝相映，分外妖娆。它肉质细嫩、味道鲜美，是海产鱼类中的上品，人们乐于用它做喜庆宴席上的佳肴，有“增加吉利，年年有余”的寓意，故有的地方又叫它“加吉鱼”。在海边垂钓的人，要是钓上一条真鲷，就会高兴地认为是吉利的征兆。

自古以来，真鲷一直被人们视为海珍品。在山东一些名菜馆有“一鱼两吃”的习惯：将整条真鲷鱼上席后，取下鱼头再做一道汤，这道汤不仅味道鲜美，而且能解酒。

真　鲷

真鲷是暖水性底层鱼类，喜栖息在盐度较高的岩礁、沙砾、沙泥等底质粗糙的海区和贝类丛生的地方。真鲷是肉食性鱼类，主要以虾、贝、蟹等为食。它最适合生活的水温是18℃～28℃左右；当水温降到12℃以下时，它就会停止进食，进入冬眠状态。每逢春季繁殖季节，真鲷便会成双游向近岸浅水区产卵，最大的个体体重可达8千克以上。

带刺的“美人”——刺鲀

刺 鲀

有位潜水员在西沙作业时，在珊瑚礁的一个岩洞里，发现一条颜色非常漂亮的鱼，便想将其带回去。他一只手捂住岩洞口，另一只手小心地伸进岩洞去抓那条鱼。可是这条刚才还鳞片顺溜光滑、五彩缤纷的鱼，一瞬间肚子就鼓成了气球，鳞片变成锋利的刺，像刺猬一般。潜水员用手使劲一捏这条鱼，痛得他惊叫起来，那些坚硬锋利的刺，扎进了他的手掌。鱼是被捉住了，但他也付出了沉重的代价。后来有人告诉他，这条被捉住的鱼，就是带刺的“美人”——刺鲀。

刺鲀就是靠这种本事，把海中的鲨鱼制服的。鲨鱼一旦把它吞进肚里，刺鲀的肚皮便会急速膨胀起来，那些棘刺都一根根竖了起来，于是鲨鱼不得不将它吐出来。因此许多凶猛的大鱼看到刺鲀，尽管垂涎三尺，但也不敢张口咬它，只能摇尾避开。

刺鲀在世界三大洋都有分布，尤以西太平洋和印度洋的热带海洋的近海

拓展阅读

·刺 鲀·

刺鲀是河豚的同类，在水中遇到敌人时，便吸入海水，使腹部膨胀，把身上的刺竖立起来。刺为鳞片变形而成，极为坚硬，最长可达到5厘米左右，对皮肤具有保护作用，没有毒性。

一带种类和数量最多，在我国南海很常见。

刺鲀肝、血、生殖腺有毒，不能食用。但它色彩很迷人，是水族馆里十分逗人喜爱的鱼类，观赏价值很高。在外界的刺激下，刺鲀瞬间会把刺张开，像只刺猬。

海中的蝴蝶——蝴蝶鱼

蝴蝶鱼家族里的成员都爱打扮。很多成员在尾的前部生着一个黑色斑点，恰恰和头部的眼睛遥相对应，而眼睛又隐藏在另一个黑斑里。如果粗心一点，你可能会把它的尾巴当成头。实际上，蝴蝶鱼平时在海中游泳总是倒游，以尾巴向前游动，这是它的一种保护性反应。它在以尾巴向前游动时，一些肉食性鱼类误认为它的尾巴是头就扑过来，此时它便调转方向飞快游走，使对方扑空，而自己得以逃生。有的蝴蝶鱼背鳍上生有保护性的刺，如被称为“旗鲷”的蝴蝶鱼，背鳍上伸出的刺和身体差不多长，这让一些打算吞食它的鱼儿望而生畏。

蝴蝶鱼以美丽的色彩而著称海洋世界。一片薄薄的身体，形状有卵圆形、菱形、椭圆形、长方形等，它们总是披着色彩斑斓的外衣。丝蝴蝶鱼有深黄、浅黄的鳍和带绿光条的鳞甲；长吻蝴蝶鱼戴着一顶黑色帽子，有着淡蓝色的下巴、杏黄色的身体，张着透明的伞状尾巴；新月蝴蝶鱼花纹更奇丽，眼睛总隐藏在黑斑里，背上有一道弯曲的镶着白边的条纹，背鳍、尾鳍、臀鳍都在橙黄色的基调上，整个身体圆圆的又像个橘黄的小月亮，这是它被称为“新月”的原因。因为这些鱼的色彩跟陆上的蝴蝶家族差不多，所以人们称它们为“蝴蝶鱼”。

蝴蝶鱼

蝴蝶鱼生活在热带和暖温带海洋里，穿行在珊瑚礁间。有的长着扁平的齿，当它们吃珊瑚虫时，这些牙齿就像小凿子一样，连珊瑚虫的骨骼也可以敲碎；有的长着尖尖的嘴，这大大有利于寻找那些躲在岩缝中的小甲壳动物。

蝴蝶鱼口小，前位略能向前伸出；两颌齿细长、尖锐，呈刚毛状或刷毛状，腭骨无齿；体侧扁而高，呈菱形或近于卵圆形。最大的体长可超过30厘米，如细纹蝴蝶鱼。

蝴蝶鱼是近海暖水性小型珊瑚礁鱼类，身体侧扁，适宜在珊瑚丛中来回穿梭，它们能迅速而敏捷地消失在珊瑚枝或岩石缝隙里，适宜进入珊瑚洞穴去捕捉无脊椎动物。

蝴蝶鱼生活在五光十色的珊瑚礁礁盘中，具有一系列适应环境的本领，其艳丽的体色可随周围环境的改变而改变。蝴蝶鱼的体表有大量色素细胞，在神经系统的控制下，可以展开或收缩，从而使体表呈现不同的色彩。通常一尾蝴蝶鱼改变一次体色要几分钟，而有的仅需几秒种。据科学家估计，一个珊瑚礁可以养育400种鱼类。在弱肉强食的复杂海洋环境中，蝴蝶鱼的变色与伪装，是为了使自己的体色与周围环境相似，达到与周围物体融为一体的地步，这使蝴蝶鱼在亿万种生物的顽强竞争中，赢得了自己生存的一席之地。

“水中活宝石”——锦鲤

锦鲤是风靡当今世界的一种高档观赏鱼，有“水中活宝石”“会游泳的艺术品”的美称。由于其容易繁殖和饲养，食性较杂，一般性养殖对水质要求不高，故受到人们的欢迎。

锦鲤，原产地为亚洲东部，即黑海、亚速海、咸海和中国。公元前533年，中国就有关于锦鲤饲养方面的书籍，当时的色彩仅限于红、灰两种。公元前200年，锦鲤从中国经由朝鲜传入日本，到17世纪，逐渐在日本西北海岸建立起锦鲤的养殖中心。锦鲤的许多优良品种都是在日本培育出来的，因此许多锦鲤都是用日本名称来命名的。

锦鲤体格健美、色彩艳丽、花纹多变、泳姿雄然，具有极高的观赏和饲养价值。其体长可达1~1.5米，寿命也极长，能活60~70年（相传有200岁的锦鲤），寓意吉祥，相传能为主人带来好运，是备受青睐的观赏鱼。

锦　鲤

锦鲤生性温和，喜群游，易饲养，对水温适应性强，可生活于5℃ ~30℃水温环境，生长水温为21℃ ~27℃。锦鲤是杂食性动物，个体较大，性成熟为2 ~3 龄，于每年4—5 月产卵。

锦鲤的祖先就是我们常见的食用鲤，锦鲤已有1 000 余年的养殖历史，其种类有100 多个，锦鲤各个品种之间在体形上差别不大，主要是根据身体的颜色和色斑的形状来分类的。它具有红、白、黄、蓝、紫、黑、金、银等多种体色，身上的斑块几乎没有完全相同的。在日本文政时代（1818—1829 年），在新潟县中区附近的山古志村、鱼沼村等二十村乡（现在已成为小千谷市的一部分），养殖者对变异的鲤鱼进行筛选和改良，培育出了具有网状斑纹的浅黄。到了日本天保年间（1830—1843 年），又培育出了白底红碎花纹的红白鲤。日本大正六年（1917 年），广井国藏培育出了真正的（也是最原始的）红白鲤，后来经过高野浅藏和星野太郎吉的改良，红白鲤的红质和白质有了较大的提高。之后，星野友右卫门于日本昭和十五年（1940 年）培育出友右卫门系、纹次郎系，广井介之丞于日本昭和十六年（1941 年）培育出弥五左卫门系，佐滕武平于日本昭和二十七年（1952 年）培育出武平太系。

但是，这些还都是红质很淡的原始种。现在最著名的红白锦鲤有仙助系、万藏系和大日系，分别是由纲作太郎于日本昭和二十九年（1954 年）、川上长太郎于日本昭和三十五年（1960 年）、间野宝于日本昭和四十五年（1970 年）培育出来的。日本养殖人经过多年的培育与筛选，使锦鲤发展到了全盛时期，锦鲤还被作为亲善使者，随着外交往来和民间交流，推广到世界各地。每年10—12 月，来自世界各地的锦鲤爱好者聚集日本，一为选购自己喜爱的锦鲤，二为瞻仰闻名于世的“日本锦鲤”发祥地。

搏击型鱼类——斗鱼

斗 鱼

斗鱼在广义上是指鲈形目、攀鲈亚目所有小型热带鱼，狭义上是指攀鲈亚目斗鱼亚科的小型热带鱼，亦专指暹罗斗鱼及其亚种。斗鱼与其他鱼类相似，主要以鳃呼吸，但它另有一个辅助呼吸器官——迷鳃。迷鳃位于鳃上方一腔内，满布血管，空气经口吸入腔内，斗鱼便能靠这些空气中的氧存活于低氧水中。所以斗鱼对水的含氧量没有特殊要求。

暹罗斗鱼，野生品种是在稻田和小水潭中活跃的小鱼，有红或绿的色彩。它生活在泰国，雄鱼与同种间争斗性强，会为抢占领地、争夺雌鱼等进行激烈搏斗，有时甚至会因此而死亡。于是，泰国民间利用这种小鱼进行搏斗赢得乐趣的活动日益盛行，并从野外捕捉、简单饲养逐渐转向有目的的繁殖与改良，以提高斗鱼个体的战斗力。时间流转，在漫长的培育与改良的过程中，斗鱼形成了不同品系的变种，一个支系形成用于打斗的搏击型斗鱼，而另一个支系则向提高观赏性发展，最终形成了展示级斗鱼，使这种小鱼散发出了独特的魅力。

今日，斗鱼早已脱离原生姿态，成为常见的观赏鱼类，展现出多样的色系与尾型，受到水族爱好者的青睐，展示级斗鱼的竞赛也逐渐形成，与此相关的斗鱼协会在美国、日本、德国及东南亚等地纷纷成立，观赏性斗鱼已经成为国际鱼友的新宠。

团结互助的鱼类——鹦鹉鱼

鹦鹉鱼是鲈形目、鹦嘴鱼科约 80 种热带珊瑚礁鱼类的统称。鹦鹉鱼体长而深，头圆钝，体色鲜艳，鳞大。其腭齿硬化演变为鹦鹉嘴状，用以从珊瑚礁上刮食藻类和珊瑚的软质部分，牙齿坚硬，能够在珊瑚上留下显著的啄食痕迹，并能用咽部的板状齿磨碎食物及珊瑚碎块。体色不一，同种中雌雄差异很大，成鱼和幼体鱼之间差别也很大。鹦鹉鱼是观察价值很高的一种鱼类，主要生活在热带和亚热带海洋水面下 30 ~50 厘米的深度中。

鹦鹉鱼

古罗马和古希腊人特别钟爱这种鱼，把它当作珍品，这并不是因为鹦鹉鱼长得漂亮，而是因其具有团结互助的精神。研究这种鱼的学者发现，如果鹦鹉鱼不幸碰上了鱼钩，在千钧一发之际，它的同伴会很快赶来帮忙。如果有鹦鹉鱼被渔网围住了，别的伙伴就会用牙齿咬住其尾巴，拼命从缝隙中把它拉出来。因而，渔民很难抓获这种鱼。

有人说鹦鹉鱼有毒，可是有些人却说鹦鹉鱼没有毒。这到底是怎么回事呢？原来，鹦鹉鱼本身是没有毒的。不过鹦鹉鱼的某些食物是有毒的。鹦鹉鱼体内有分解消化毒素的器官，所以鹦鹉鱼不会被这些毒素伤害。但是，如果人们捕获的鹦鹉鱼体内的毒素并没有完全清除，那么鹦鹉鱼食物中的毒素就会转嫁给食用鹦鹉鱼的人。所以，许多渔民都劝贪嘴的食客不要食用鹦鹉鱼。

鹦鹉鱼会织“睡衣”，它们织“睡衣”的方式就像蚕吐丝做茧，从嘴里吐出白色的丝，利用它的腹鳍和尾鳍，经过一两个小时织成一个囫囵的壳，这就是其“睡衣”。有时它的睡衣织得太硬，它睡醒后用嘴咬不开，便会憋死在里面。而它的同伴绝对不会帮它咬开“睡衣”，因为同伴觉得它还正在休息，不便打扰。

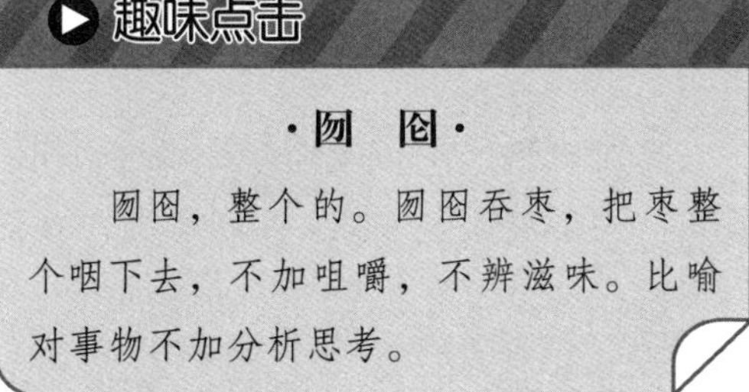
趣味点击

·囫　囵·

囫囵，整个的。囫囵吞枣，把枣整个咽下去，不加咀嚼，不辨滋味。比喻对事物不加分析思考。

攻击拟态大师——躄鱼

在热带海洋绚丽多彩的鱼群中，除蝴蝶鱼家族、雀鲷家族之外，还有一躄鱼家族。这种鱼不但名字怪，模样也很怪，跟蛙有点相似，身体呈球形，有很发达的腿样鳍，善于爬岩石、越珊瑚礁，而且有一副令人害怕又十分华丽的外形。大概是这个原因，海洋生物学家就称它为“攻击拟态大师——躄鱼”。

躄鱼长得最怪的，要算它的头部。它的头部别具一格地长着一副“钓竿”，它用这“钓竿”引诱猎物上当。它这根“钓竿”，其实是一个变形的、伸长的背鳍棘，棘从躄鱼两眼之间伸出并延长。在“钓竿”的顶端，长着一颗小肉球似的东西，这成了一种“钓饵”。

“钓饵”的状态各异，有的伪装成小鱼小虾，有的伪装成甲壳虫和蠕虫。

躄鱼的另一个绝招是变色。它可以变出很多色彩，使自己身体适应背景物体。它游到橙色海绵附近时，皮肤呈橙色；游到黑色海绵附近时，马上又变成黑色；游到红珊瑚附近时，又会变成红色。躄鱼的皮肤上，还有许多褐色小斑点和红色斑块，伪装时变色既快又逼真。它掌握这种拟态技巧，当然不是供人欣赏的，而是为了捕食更方便。

躄鱼的第三个特点，是它在水中的运动方式非常奇特。它在捕食时，有两种运动方式：一种是靠胸鳍支撑全身的重量，另一种类似于陆栖脊椎动物的行走，即通过发达的腿状的鳍前进，胸鳍提供动力，而腹鳍只起稳定的作用。它也能游动，有时还能喷水前进。

躄鱼集众多“特异功能”于一身，这引起了生物学家的极大兴趣，生物学家们花了很多心血希望能揭开躄鱼的秘密。

可爱的小精灵——小丑鱼

小丑鱼是雀鲷科海葵鱼亚科鱼类的俗称，是一种热带咸水鱼。小丑鱼体形怪异，体色多变，通常体侧有白色条纹。因为脸上都有1条或2条白色条纹，好似京剧中的丑角，所以俗称“小丑鱼”。小丑鱼与海葵有着密不可分的“共生”关系，因此又被称为海葵鱼。带毒刺的海葵保护小丑鱼，而小丑鱼进食时不免留下一些残饵，这些残饵可以引诱其他鱼类靠近海葵，帮助海葵捕捉猎物，二者形成了一种互利共生的关系。

小丑鱼在成熟的过程中有性转变的现象，在族群中雌性为优势

小丑鱼

种。在产卵期，公鱼和母鱼有护巢、护卵的领域行为。其卵的一端会有细丝固定在石块上，孵化期为7～10天，幼鱼在水层中漂浮之后，才行底栖的共生性生物。

小丑鱼喜群体生活，几十尾鱼儿组成一个大家族，其中也分“长幼尊卑”。如果有小鱼犯了错误，就会被其他鱼儿冷落；如果有鱼受了伤，大家会一同照顾它。可爱的小丑鱼就这样互亲互爱、自由自在地生活在一起。但小丑鱼在野外生活中却时常面临着危险，因为那艳丽的体色常给它惹来杀身之祸。小丑鱼最喜欢和海葵生活在一起，虽然海葵有会分泌毒液的触手，但小丑鱼身体表面拥有特殊的体表黏液，可保护它不受海葵的影响而安全自在地生活其间。

小丑鱼的另一个迷人之处在于它们能够自己改变性别。到目前为止，人们仍不知道这种奇特的习性是如何产生的，它们幼鱼时的性别又是如何划分的。小丑鱼是极具领域观念的，通常一对雌雄鱼会占据一个海葵，并阻止其他同类进入。但如果是一个大型海葵，它们也会允许其他一些幼鱼加入进来。在这样一个大家庭里，体格最强壮的是雌鱼，它及其配偶占主导地位，其他成员都是雄鱼和尚未显现性别特征的

趣味点击

·黏　液·

黏液是动植物体内分泌出来的黏稠液体。

幼鱼。雌鱼会追逐、压迫其他成员，让它们只能在海葵周边不重要的角落里活动。如果当家的雌鱼不见了又会怎么样呢？原来那一对“夫妻”中的雄鱼会在几星期内转变为雌鱼，完全具有雌性的生理机能，然后再花更长的时间来改变自身的外部特征，如体形和颜色，最后完全转变为雌鱼，而其他雄鱼中最强壮的一尾会成为它的配偶。

小丑鱼是珊瑚礁中可爱的小精灵，它们有美丽的色彩，并且性情温和、健壮活泼、易饲养，很多饲养海水观赏鱼的人都会优先选择它们作为入门的品种。它那与海葵共生的奇特习性，令许多观赏者啧啧称赞。

体型硕大的观赏鱼——花罗汉

花罗汉因头形如罗汉般突出而得名。有着硕大体型、给人以力量感的它们，在欧美是相当受欢迎的品种。而在东南亚地区，花罗汉也因其喜气洋洋的体色及吉祥的名称而日渐受到人们的青睐。

花罗汉

不同品种的花罗汉，体型略有差异。最大的花罗汉体长可达42厘米，高18厘米，厚可达10厘米，一般体长在30厘米左右。它头上的巨大额头，使它看起来宛如寿星，十分独特。

花罗汉的品种主要有以下几种。

古典美人。此鱼全身透红，活脱脱是一只沐浴火中的神鸟。古典美人身上的梅花印，是所有新鱼种中最特殊的。梅花印从尾部至鳍部呈一字线扩展至头瘤，以此作为转弯点，分5朵漂散印在鱼背上。背鳍弯而有形，尾部呈半圆状，身上有闪亮的小星点分布争艳。

蓝月星。每天日落的晚上，是此鱼最闪亮的时刻。此时，它带着一身虚渺的蓝色，尽显掠食者晚间的神态。此品种鱼除了散落不齐的梅花斑外，眼部那圈火红色，可与红宝石争亮。蓝月星以一身蓝彩得以成为所有带红品种中，既特殊又养眼的观赏鱼。一般以头有肉瘤为正品，嘴似樱桃，背鳍平直而出，身上所有的梅花斑均如棉花白布包裹。

五光十色。此鱼身披满体的闪亮蓝点，如水底猎豹，它也的确是游泳的好手，配上“火眼金睛”，成为披着“皇袍”的“太子”。星花满布，梅花朵朵条理分明地呈一线排列示众，除面部以外，背鳍、面线额与肉瘤处均布有小星点。

意气扬扬。此鱼一身近似铁甲的粗鳞片，整体必须予人粗犷感觉才属正品。除了拥有红眼圈，其特殊点是所有鳍位均硬邦邦的，一条条矗立。身上共有7粒梅花斑，分开展现且大小不一。另外，身体由上往下有条纵带，有小肉瘤。

心花怒放。这鱼是整个花罗汉组合中，拥有最丰富体色的鱼，有典型的红眼、金黄色的面部。鱼腹部有红也有蓝，鱼鳞星光熠熠。全体共有8粒梅花斑。第一次接触它时，绝对少不了心花怒放的感觉。

七间虎皇。这鱼底色暗红，面部金黄一片，身上也有满布的大蓝星点。养在缸中，晚间闪闪生光，配合身上9条纵带，有意想不到的层层惊喜。

红美人。它也可称为“美人红”，是所有花罗汉中红得最美的，有简单的两双梅花斑，身上蓝点分布合理。配合尾端弯月蓝，让人有心平气和的安宁感觉。它是花罗汉中最热情的。饲养者辛苦工作一天归来后，会发觉它正不断上下游动，表示热烈欢迎。

七星伴月。它属于晚间的美人，身上披着若隐若现的纵带，分布有 7 粒大小平均的梅花斑。它生性较羞怯，底色带点花蓝，鳍盖到泳鳞有片红彩。因为整体色彩平均分布，具有很高的收藏价值。

五月花。与其他花罗汉品种相比，它有很大的玩味感。所有花罗汉都体色明艳照人，唯独它是例外，体色红黄俱浅，梅花斑共 6 粒，分布距离很宽，整齐地排列着。所有色彩像披着一层粉彩，故又称“粉鱼”。

鳞光闪闪的鱼类——龙鱼

龙　鱼

龙鱼是一种大型的淡水鱼，早在石炭纪时期就已经存在。该鱼在 1829 年发现于南美亚马孙河流域，当时是由美国鱼类学家温戴利博士为其定名的。1933 年，法国鱼类学家卑鲁告蓝博士在越南西贡发现红色龙鱼。1966 年，法国鱼类学家布蓝和多巴顿在金边又发现了龙鱼的另外一个品种。之后又有一些国家的专家学者相继在越南、马来西亚半岛、印尼的苏门答腊和泰国等发现了另外一些龙鱼品种，于是就把龙鱼分成金龙鱼、黑龙鱼、银龙鱼等。真正将其作为观赏鱼引入水族箱是始于20世纪50年代后期的美国，龙鱼作为观赏鱼直至20世纪80年代才逐渐在世界各地风行起来。

不同的龙鱼有不同的色彩。例如：东南亚的红尾金龙幼鱼，鳞片红小，白色微红，成体鳃盖边缘和鳃舌呈深红色，鳞片闪闪生辉；黄金龙鱼、白金龙鱼和青龙鱼的鳞片边缘分别呈金黄色、白金色和青色，其中有紫红色斑块者最为名贵。龙鱼的主要特征还有它的鳔为网眼状，常有鳃上器官。

龙鱼属杂食性鱼类，各种昆虫、小鱼小虾、冷冻饵、内块都是龙鱼喜欢的饵食。动物内脏易妨害其消化系统，不可投喂。

龙鱼最适宜的水温为25℃ ~28℃，可以适应20℃ ~30℃的温度。不过龙鱼和其他的观赏鱼一样，忌水温急剧变化。

基本小知识

龙　鱼

龙鱼，一种下颌具须、体侧扁、腹部有棱突的古老淡水鱼种群，属于骨舌鱼目，广泛分布在南美洲、澳大利亚以及东南亚的热带和亚热带地区。因为其体形长而有须，酷似中国神话中的龙，故称龙鱼，在东南亚地区是一种非常受欢迎的观赏鱼。

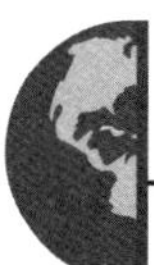

两栖类爬行动物

SHUI XIA WANXIANG

数亿年前，由于地球上的水陆分布发生了巨大变化，海面大大缩小，大片陆地露出海面。水陆变化影响了气候，旱涝不均。这使得一部分海洋动物登上陆地，于是两栖动物逐步诞生了。

一副凶相的动物——马来鳄

马来西亚一带是鳄鱼繁殖、栖息的好地方，这里的鳄鱼被称为马来切喙鳄，也叫马来鳄。

马来鳄

“鳄鱼的眼泪”被人比喻为假慈悲。其实，鳄鱼是在用眼睛里的腺体排除体内多余的盐分，那眼泪是浓缩了的盐水。这样鳄鱼就不怕在海水里活动了。

鳄鱼的嘴令人生畏，一口锯齿般的牙齿，共有 80 枚大小一致的牙齿，即使闭上嘴也还有一对露在唇外。2 个鼻孔长在上颚的最前端。鳄鱼是用肺呼吸的，吸一口气闭住鼻孔可以潜入水底待很长时间。鳄鱼的身躯是深褐色的，厚皮上覆着角质鳞。4 条粗壮的短腿，前肢长着 5 趾，后肢长着 4 趾，每个趾上都长着弯弯的趾爪。身后拖着一条笨重的尾巴，当鳄鱼在沼泽滩上爬行时，这条尾巴却能够灵活地左右摆动，支持着身躯向前滑去。

马来鳄身躯庞大，平均体长 3 ~ 5 米，是卵生爬行动物，生殖期间上岸产卵，每年约产卵20 ~ 60 枚，孵化期为 72 ~ 90 天。

鳄鱼皮可制革，其经济价值很大。马来鳄已被列入《世界自然保护联盟濒危物种红色名录》。

兰里岛是养鳄鱼最理想的地方。

鳄鱼给人们的印象是“反面角色”，尤其是它在水里懒洋洋待几个钟头不动的样子，使人都以为它是迟钝、懒惰的家伙。实际上，鳄鱼作为躯体庞大的水生爬行动物，不仅游泳快，而且陆地上行动也很敏捷、利落，其夜间捕食本领尤为高超。软体动物、鱼类、鸟类，甚至沿岸大型牲畜，它都能捕捉住。有的科学家对尼罗河鳄鱼胃中的残留物进行了专门的研究，发现里面有大量行动迅速的小动物残骸。

鳄鱼合群。春天河水上涨时，不大不小的鳄鱼会排成队，逆流而上；捕捉鱼时，也按顺序每条鳄鱼捕捉一条，互相从来不争食，很有友爱精神。那些成年的鳄鱼，喜欢成双成对地捕食，有了食物也共同享用。有的人还看到过两条鳄鱼在陆地上一起拖一头捕获的羚羊。

鳄鱼对待儿女也很慈祥，产卵之后，就把卵埋到半米深的地下。

在小鳄鱼出世前的90天里，母鳄鱼从不离开自己的卵，也不吃任何东西。它的“丈夫”也与之共同守候，夫妻共同保卫它们的后代。

小鳄鱼一来到世间就大叫大喊，20米之外都能听到。鳄鱼妈妈听到叫声，立即用前肢和上下颌把土扒开，然后用嘴把刚刚从卵里钻出来的小东西，一只只地从岸边衔到水里。鳄鱼爸爸也不是旁观者，当小鳄鱼快要脱壳时，它用嘴把卵衔起来，然后用上下颚轻轻一挤，使小家伙能顺利脱壳。

小鳄鱼一般由父母看管8个星期左右。在此期间，只要小鳄鱼有危险，发出叫喊声，父母就会赶到出事地点，来卫护它的安全。

海中大蜥蜴——海鬣蜥

秘鲁的寒流悄悄地掩过科隆群岛，把它抱在怀里。赤道的酷暑被吹散了，气候凉爽宜人，使得科隆群岛不像其他热带岛屿那样潮湿。在这一派热带丛林的风光里，栖息着许多奇奇怪怪的动物，海鬣蜥就是其中之一。

海鬣蜥因生活在海边，常在海中寻食、游泳而得名。海鬣蜥是两栖爬行动物，最长可达1.5米以上，重10千克左右，占身子2/3的扁平长尾是它在海中游泳的桨。它以海藻和海岸边的植物为食，平时多栖于岸边岩礁，或爬到树上

海鬣蜥

度日、觅食，受到惊扰时便跳入水中。海鬣蜥把卵产在潮线上挖好的卵坑里，卵坑深约 50 厘米，卵在卵坑里自然孵化。

海鬣蜥从颈部至尾基部，披着柔软的皮质长针状棘列，呈鬣状。它是中生代残存下来的爬行动物。科学家认为它是恐龙的近支本家。

海鬣蜥有一种特殊的潜水循环反射本能。当它们潜入海中时，心跳速度自动减缓，除大脑外，全身血液循环趋于停止，皮肤血管收缩，身体外层变凉，形成外界寒冷的水温与其体内温度的缓冲带。这样不仅能降下海鬣蜥潜水时对氧气的消耗，而且也能使它们的体内温度保持恒定，以适应潜水活动的需要。

迷恋故乡的动物——海龟

每年 4—9 月，在西沙、南沙各岛礁沙滩上，都可以看到由深海洄来海滩产卵的大海龟，小的重几千克，大的重几百千克，有时数十只海龟结队而行。因此，西沙、南沙又有“海龟故乡”之称。

海　龟

海龟是一类大型海洋爬行动物，用肺呼吸，主要生活在除极地的海域。它的祖先远在 2 亿多年前就出现在地球上。古老的海龟和中生代不可一世的恐龙，一同经历了一个繁衍昌盛的时期。后来，地球几经沧桑，恐龙逐渐灭绝，海龟也开始衰落，但海龟借助自身坚硬的背和腹甲壳，战胜了大自然给它带来的无数次厄运而生存下来。海龟艰难地走过了2亿多年，顽强地生活着，繁衍着，真可算是“珍禽异兽”了。

知识小链接

棱皮龟

棱皮龟，又称革龟，是龟鳖目中体型最大者，全长可超过2米，最重可达800千克。棱皮龟主要分布在太平洋、大西洋和印度洋，偶尔也见于温带海洋。

每年4—10月是母龟到岸上生蛋的季节。龟蛋在沙土下靠阳光的温度孵化，一般50天左右小龟破壳而出，钻出沙坑，本能地爬向大海。但小龟要活下来还要经历许多磨难。它要跟风浪斗，要跟凶恶的鱼类斗，真正能长成成年海龟的只有1/5左右。

小海龟破壳而出，呆头呆脑地钻出沙坑，在灼热的沙地上朝着大海的方向爬行。一路上，这些幼小的生命招引来了一群群凶狠的海鸟。为了逃脱被啄食的厄运，小海龟们拼命地爬着，一些体质孱弱的小海龟，即使不被海鸟吃掉，也会被太阳晒死。当小海龟们纷纷跃进白浪滔滔的大海里时，浪涛还会卷着它们向岩礁上摔去，等待吞食它们的大鱼正张着大嘴。幸运地到达了岩礁间和海底的海龟，便开始了自己的艰难生活。小海龟循着祖先走过的路径去游历大洋，等到发育成熟了，再返回故乡产卵。它们尽管不能像陆地上的飞行动物那样参照高山、河流、树林判断方向，但依然从不迷途。科学家发现，海龟是靠潮汐运动及地球磁场来辨别方向的。

龟 甲

龟甲一般指龟科动物乌龟的甲壳。龟甲还指一种鞘翅目叶甲科龟甲亚科的昆虫。龟甲作为围棋术语，是指提取两子后形成的特定棋形。

在以前，世界上每年约有 30 多万只成熟海龟葬送在人类手里。1960 年以后，各个捕海龟的国家都采取禁挖海龟卵、禁捕海龟的措施，并开展人工养殖海龟的工作。我国西沙、南沙的有关部门也采取各种措施禁捕海龟，禁挖海龟蛋。

如何保护南沙、西沙的海龟，如何科学地养殖和开发海龟资源，是“海龟故乡”的一个重大科研课题。

最大的蜥蜴——科莫多龙

相传，在印度尼西亚的科莫多岛上，有一种怪兽，它非常凶猛厉害，尾巴一晃能击倒一头牛，嘴巴一张能吞下一头野猪，更令人费解的是它还能从口中喷出火来。这个传说有几百年了，到底是真是假？神秘的面纱终于被一位荷兰的飞行员在一个偶然的机会撩开。

1912 年，一名荷兰飞行员在一次飞行事故中，意外地迫降在科莫多岛上。飞行员在树林中寻找食物充饥时，发现了几只怪兽，那模样像龙，嘴里不时闪着火光。不久，他返回了驻地，写了一份关于发现怪兽的报告。报告中说：“在科莫多岛的确有当地人传说的‘龙’，但那不是真正的龙，是一种令人惊讶的大蜥蜴。”

当时的科学界对飞行员的这份报告嗤之以鼻。他们武断地认为，科莫多岛既不会有龙，也不会有5~6米长的巨蜥。飞行员听了很恼火，几次去找他的上司，要求上级做出正确判断。他的上司认为：如果岛上存在这种怪兽，为什么这么多科学家不去考察弄清呢？连科学家都认为没有，军人就更无法弄清了。于是上司要这位飞行员不必过问此事了。

广角镜

·科莫多岛·

科莫多岛，又译为哥摩多岛，是印度尼西亚东努沙登加拉省西头岛屿，介于松巴哇与弗洛勒斯岛之间。南北最长40千米，东西最宽20千米，山丘起伏。由于火山和地震活动，科莫多岛的生态系统与世界其他地方隔离开来。科莫多岛上独特的生态孕育出一些特有的生物，当中最著名的就是地球上最大的蜥蜴——科莫多龙，以及地球上最原始的哺乳动物之一——眼镜猴。

这位飞行员不顾劝阻，到处申说：科莫多岛的确存在一种巨兽，不管它是龙还是巨蜥，反正它们存在着。结果他被认为迫降中神经受了刺激，精神虚幻产生幻觉，竟被送进精神病院。

然而也有科学家对飞行员的报告感兴趣，他就是自然科学家、爪哇博物馆馆长欧埃尼斯。他给住在科莫多岛附近岛上的一位朋友安尼尤宁写信，请他亲自去考察一下无人居住的科莫多岛，看看荷兰飞行员说的是真还是假。

安尼尤宁也是荷兰军官，他接到朋友的信后，立即就找机会登上了该岛。在岛上，他看到了那奇异的巨兽。

经过专家们的鉴定，科莫多岛上的巨兽不是龙，而是一种巨型蜥蜴，这证实了那位飞行员的说法。科学家们把这种巨蜥命名为科莫多龙。

科莫多龙

科莫多龙，属蜥蜴亚目巨蜥科，现存种类中最大的蜥蜴，生活在印度尼西亚科莫多岛和邻近的几个岛屿上。该物种是一个脆弱的物种，已被列为保护对象。

1962 年，苏联科学家马赖埃夫带着考察队，在科莫多岛实地研究。考察队在岛上住了几年，弄清了全部的秘密并写了一份报告，报告一发表就成了轰动世界的新闻。

这篇报告告诉人们，在科莫多岛岛上有很多体长近 3 米的科莫多龙。它们有令人恐怖的巨头，两只闪烁逼人的大眼，颈上垂着厚厚的皮肤皱褶，尾巴很大，四肢粗壮。最可怕的是，远远望去，它的口中能喷火。但走近一看，就发现那口中的“火”，不过是它鲜红的舌头。舌头裂成 2 片，经常吐出口外，很像是火焰。科莫多龙生性不爱动，很少追捕猎物。它们捕猎时采用伏击战术，待猎物靠近时，猛地用尾巴一扫，把对方击倒，然后扑上去，把颈咬断，再从容不迫地用餐。科学家们发现，一只科莫多龙把一头鹿击倒后，竟像吃肉丸子一样一口吞下了。

科学家经过长期努力，已经解开了科莫多龙的许多谜，如科莫多龙每次可产 5 ~ 25 个鹅蛋似的卵，七八个月后幼仔便出生，它们寿命可长达 30 年。但是，也有许多关于科莫多龙的疑问至今还没有解开。

尾部带桨的动物——海蛇

蛇是由古老的两栖动物演变而来的，而海蛇是由陆地蛇进化而来的。在漫长的进化过程中，蛇摆脱水生环境，到陆地定居，为了度过不良时期，蛇采用“冬眠”的办法。但海蛇经历了两个阶段，它先由水到陆地，再由陆地到水。

知识小链接

海　蛇

海蛇属于蛇目海蛇科，与眼镜蛇亚科相似，都是具有前沟牙的毒蛇。尾侧扁如桨，躯干后部亦略侧扁。

海蛇为了适应海洋生活，前半部变细小，呈圆柱形，后半部变粗，尾部侧扁像船桨，它就是靠扁尾巴在海里游来游去的。这种体形要生活在陆地上就寸步难行了。

海蛇从陆地生活过渡到海洋生活是个艰巨的挑战，但它最终解决了以下 4 个主要问题。

（1）在海中捕食的问题。在陆地上，蛇用它颤动的舌头去“品尝”空气，而海中情况大不相同，但海蛇可运用嗅觉在猎物离得很远时，就探出味道。海蛇爱吃鳗鲡，它通过毒牙把毒液注入猎物体内而获得食物。它跟陆蛇的不同之处，就是毒性更大。

（2）呼吸方式的问题。海蛇成功地解决了水下呼吸问题，能在水下待 3 个小时。海蛇所需氧气的 1/3 靠皮肤从水中吸收，有时也直接呼吸空气。它们的鼻孔有着特殊的瓣膜，一潜入水中就闭上了。海蛇的肺叶几乎从头部到尾部都有分布，它能从水面吸到空气，然后存入肺中。

海　蛇

（3）体内排盐问题。在海中生活的爬行动物，都有把海水中的盐分吸收到体内进行调节的本领。海蛇身上有排盐腺体，长在它的舌头下面。

（4）行动问题。海蛇腹部保留着重叠的鳞片，而且它的尾部发展成桨状，这样海蛇在海水中行动就敏捷了。

海蛇经长时间的演化，才解决上述问题，终于在海洋定居。它行动迅捷，呼吸自如，并能排除盐分，这使它能够在珊瑚礁中窜来窜去。

拓展阅读

·黄腹海蛇·

黄腹海蛇又称长吻海蛇，是蛇亚目下的一个单型有毒蛇属，主要分布于印度洋、太平洋及海岛沿岸。

黄腹海蛇是地球上数量最多的海蛇。有人曾见过一大群这类海蛇在海中，形成了一条3米宽、110千米长的长蛇阵。这种海蛇如此特殊，以致于从东南亚发展到太平洋，并一直向东延伸了约1.5万千米。

黄腹海蛇栖息于海洋，不能于陆地上活动，主要以小型鱼类、甲壳类为食，捕获猎物通常是靠偷袭来完成的。它们的视力并不太好，但能察觉猎物的行踪。当猎物进入了海蛇的地盘，海蛇的舌头很快就能感受到猎物的到来，于是猎物到手。致命的毒液几分钟就能使猎物中毒。在吃鱼以前，海蛇总是把鱼摆成鱼头向下的姿势，以免鱼的脊刺扎着喉咙。

海蛇爱潜入50米左右的深水里活动，这一点引起科学家极大的兴趣，按常理海蛇的肺和心脏是承受不了如此大的压力的。这个谜的揭开，可能使潜水员的装备发展有新的突破。

水下哺乳类动物

SHUI XIA WANXIANG

爬行动物大约于 2 亿年前分化出了哺乳动物。哺乳动物不像其他脊椎动物那样把卵产出体外孵化，它们一般有子宫和胎盘，由母体直接产出幼体。哺乳动物的心脏有互不相通的心房和心室各 2 个，头脑发达，善于对外界环境进行观察，并做出反应。

最大的水下生物——蓝鲸

我国古代很早就有记载：“海有鱼王，是名为鲸。”还有一篇《长鲸吞舟赋》，记载和形容鲸的巨大，说“鱼不知舟在腹中，其乐也融融；人不知舟在腹中，其乐也泄泄”。鲸的胃中真能容下一个生活小天地吗？当然不能，这是一种夸张的手法。但是古人已经知道世界上最大的动物是海洋中的鲸了。

一头大的蓝鲸身长可达 30 余米，体重超过 170 吨，仅它的舌头就比一头大象重。据说，当蓝鲸冲刺时速度可达 50 千米/时，通常的游速为 20 千米/时。曾有一艘 27 米长的现代捕鲸船，用捕鲸叉叉住了一头蓝鲸，在 8 小时内，蓝鲸拖着这艘船跑了 92 千米，而在这期间，捕鲸船上的 2 台发动机一直开足马力，把船向相反的方向推进。

蓝　鲸

“鲸”字虽带鱼字旁，但实际上鲸并不属于鱼类，它是一种哺乳动物，很早就有人说，鲸起源于陆地上的哺乳动物，但苦于拿不出足够的事实证据。随着现代科学技术的不断发展，科学家们运用胚胎学、解剖学、考古学的研究成果，逐步揭开了这个谜。科学家们根据鲸的血液蛋白化学分析进一步指出，鲸与其他肉食兽和有蹄动物是近亲。

1978 年，在巴基斯坦发现了一块鲸化石，这块化石是鲸一块颅骨的后半部分，长 45 厘米，宽 15 厘米，距今已有 5 000 万年。从化石可以判断出这种原始鲸身长约 1. 8 米，重约 150 千克。科学家在研究中还发现，原始鲸化石的耳内没有现代鲸赖以感觉水下声音的中耳骨泡囊状组织。因此，原始鲸不可能听清水下的声音和辨别水下声音的方向，也不可能深潜或者像今天的鲸那样在水下待很长时间。科学家由此推断，这种原始鲸生活在古地中海的一个浅海里，属两栖哺乳动物，它们在陆地栖息繁殖，以浅海中的鱼类和其他水产物为食。

人们以为如此庞大的动物是凶猛的食肉性动物，一定会捕猎海洋中的大型动物。其实这是一种误会，恰恰相反，蓝鲸爱吃的是一种小动物——南极磷虾。

夏季的南极盛产磷虾，磷虾聚集在一起时，数百平方海里能变成

知识小链接

南极磷虾

南极磷虾是生活在南大洋中的小型甲壳动物，主要以浮游植物为食，是南大洋生态系统食物链中的关键种类。

一片红色。每当这个时节，蓝鲸就回到南极，尽情吞食鲜美的小磷虾，愉快地度过夏天。饥饿的蓝鲸游到海面，只要张开大嘴，连虾带水喝一口，然后抬起舌头一挤，水从上颚和舌头之间流出，通过鲸须的过滤，喷出嘴外，把磷虾留在嘴里。舌头再一动，一大堆磷虾就进入肚中了。

别看蓝鲸身体庞大，是海中之王，可是在海洋中它也常常遇到一种可怕的“敌人”——虎鲸。

知识小链接

虎　鲸

虎鲸是一种大型齿鲸，身长为6~10米，体重9吨左右，背呈黑色，腹为灰白色，有一个尖尖的背鳍，背鳍弯曲，长达1米，嘴巴细长，牙齿锋利，性情凶猛，是食肉动物，善于进攻猎物，是企鹅、海豹等动物的天敌。有时它们还会袭击其他鲸类，甚至是大白鲨，可称得上是“海上霸王”。

当蓝鲸发现虎鲸时，它被吓坏了。一般是约10头以上的虎鲸包围1~2头蓝鲸，虎鲸先按兵不动，只是在暗中瞄着蓝鲸。当虎鲸把身体对准蓝鲸的头部时，进攻就开始了，虎鲸猛地冲过去，一下子咬住蓝鲸的上下颚。它们拼命用力，此时同伴也冲上来帮忙，用尾巴抽打蓝鲸，有的咬蓝鲸的尾巴，弄得蓝鲸招架不住，败下阵来。虎鲸填饱肚子才游走。此时的海面被血水染红了。可怜的蓝鲸此时并没有死，受到痛苦的折磨，但不久后就会死去。

鲸有个习性，喜欢跟航船相伴而行，而且常常恋恋不舍，赶都赶不走。蓝鲸难道对航船有感情吗？并不是这样。科学家研究的结果显示，它随船而行是因为它自己生理上的需要。鲸身上容易生长一些寄生虫，这些寄生虫弄得鲸身上发痒。为了解痒，鲸便靠上船舷去擦痒，在船的龙骨、船边蹭来蹭去。另外航船溅起的浪花，带动水流，作用于鲸身上，使它的皮肤感到舒服。

龙涎香的制造者——抹香鲸

世界上体型较小的鲸均为齿鲸类，它们都很凶猛，以撕食为生；体型较大的鲸，则几乎都是须鲸，它们在海中依靠鲸须过滤捕食，性情较为温顺。但抹香鲸则是个例外，其下颌有 20 ~ 25 对牙齿，是齿鲸类别中最庞大、最凶狠的一种鲸。

海洋生物学家经过长期跟踪观察抹香鲸得出一个结论：它是鲸类中最凶猛、最威严的鲸。成年的抹香鲸体长可达 11 ~ 18 米，体重为 15 ~ 45 吨。地球上最大的鲸是蓝鲸，抹香鲸尽管比它小，但也是海洋中的“巨人”。要是在海上看到它，觉得活像一方巨大的、褶皱的原木漂在海上，只有当它不停地喷水时，才觉得是个活生生的动物。但是它一旦潜到水下，就变得灵活、优雅、敏捷，样样超群。

抹香鲸相貌很古怪，它身体的前 1/4 是一只鼓出来的大“箱

抹香鲸

子”——头，头内有充满鲸腊油的鲸腊器官。关于这只“箱子”里大量鲸油的功能，至今也是个谜。抹香鲸的颚也是个谜。科学家们看到抹香鲸经常将小鲸含在嘴里，或用颚彼此相碰，似乎在亲吻。科学家也看到过一条抹香鲸脑袋上有一排伤疤，这显然是互相斗殴时被对方下颚的牙齿咬伤的。

抹香鲸强有力的牙齿，并不主要用于进食。在斯里兰卡附近的海面，曾有人看到抹香鲸吃大乌贼的时候，都是囫囵吞下去的。有的科学家认为，抹香鲸很可能是用咔嗒声将猎物震晕，然后再吞下去的。

抹香鲸最喜欢的食物，是大王乌贼。这种乌贼生活在深海中，抹香鲸要吃这种美味就得潜至千米以下的深海中寻觅。一旦发现大王乌贼，抹香鲸就用嘴死死咬住大王乌贼，并用尽全力将其向海底礁石撞去，大王乌贼也用那带有吸盘的大腕足紧紧缠住抹香鲸，意图使之窒息。搏斗经常要持续几十分钟乃至数个小时，在酣战过程中，它们东奔西窜，海底翻滚，二者偶尔跃出水面，浪花四溅，宛如一座小山突然耸立海中，鏖战之后，抹香鲸虽可饱餐一顿，但身上却也留下累累伤痕。

酣 战

酣战，相持而长时间的激战。例：酣战数百回合，不分胜负。

知识小链接

龙涎香

龙涎香指抹香鲸肠内分泌物的干燥品，有时有彩色斑纹，质脆而轻，焚之有持久香气。

龙涎香历来被视为珍品，其价值远远超过黄金。宋代文学家苏轼的一首诗中提到："香似龙涎仍酽白，味如牛乳更全清。"可见，那时古人就把龙涎香视为极品了。近代的调香师们也把龙涎香视为定香剂，但目前龙涎香尚不能人工合成，因此更为珍贵，它是高级香水中不可缺少的"妙香"成分。香水中加进少量龙涎香，会使香气变得柔和、持久、美妙动人。

水中歌唱家——座头鲸

长久以来，在航海家中流传着这样一种说法：时常从海中听到迷人的歌声。当然这种说法许多人是不信的，说是一种幻觉。但一位科学家揭开了这个谜，确定海洋中的确存在歌唱家，它就是躯体庞大的座头鲸。

海洋中神秘歌声来自座头鲸，但是座头鲸的歌声是不是跟鸟叫一样，只有一种叫声呢？不是的，鸟叫声调很高，持续时间只有数秒，而座头鲸歌声的调子变化范围很宽，持续时间可达 6 分钟，有的甚至可达半小时，音质也相当动人。有独唱、二重唱、三重唱，或者许许多多交错声音的合唱。一些鲸类专家录下了这些歌声，发

座头鲸

现歌声几乎每年都有变化，有不少“新歌”，它们的歌声变化都循着一定规律，不是杂乱无章的。鲸类专家还发现，各地海域不同的座头鲸，它们的歌声、格调基本是相同的。这说明同种鲸有它们自己的共同语言——自己独特的歌声。

海洋中的动物会发出叫声的有很多，但没有一种动物的声音像座头鲸那样富有节奏感。科学家认为，唱歌在座头鲸的生活中有特别重要的意义，它主要是一种通讯信号，它们依靠这种歌声，在广阔的海洋里与同类之间保持联系。

科学家通过研究发现，唱歌的座头鲸全是雄性，雌性并不唱歌。因此，人们普遍认为，座头鲸的歌声可能像“小伙子”们唱的情歌，

知识小链接

座头鲸

座头鲸是有社会性的一种动物，性情十分温顺可亲，成体之间也常以相互触摸来表达感情。但在与敌害格斗时，它们则用特长的鳍状肢，或者强有力的尾巴猛击对方，甚至用头部去顶撞，结果常使自己皮肉破裂、鲜血直流。

是用来表达爱意的。科学家发现，在每年的繁殖季节，座头鲸的歌声要比往常多得多。但是，至今没有人能听懂座头鲸这种美妙语言。

座头鲸的歌声是从哪里发出来的呢？这又是一个没有解开的秘密。尽管目前听过座头鲸唱歌的人并不多，但可以肯定的是，它的歌声既不是喉头发出的，也不是气孔发出的，而是透过厚厚的脂肪传出来的。这和虎鲸不同，虎鲸是通过控制气孔的孔径来发声的。科学家推测，座头鲸很可能是利用气流发声的，因为充分的空腔可以产生带有共鸣的复和音，这种声音极像座头鲸的歌声。

利用声波通信的不仅限于座头鲸，其他鲸类，如抹香鲸及蓝鲸等也有此种功能。只不过座头鲸的声音特殊，优美婉转，能连续。法国生物学家在太平洋的百慕大海区记录下上百头座头鲸的“大合唱”。鲸群发出了上千种声音，有婉转的颤音，还有吱吼声、吼叫声、嗡嗡声、吱吱声，像一群温习功课的小学生在大声朗诵。

凶残的“海狼”——虎鲸

虎鲸，也叫逆戟鲸、恶鲸，绰号“海狼”。这些名字就透露着一股杀气，它像虎一样凶猛，像狼一样的凶残，是海洋中的猛兽、鱼群的敌人。

虎鲸长着个纺锤形的光滑躯干，背上高高翘起一个坚韧的背鳍，一般穿着黑色的“大礼服”，但有的是深灰色的。胸腹前露出雪白的“衬衫”，眼睛后上方有漂亮的白斑，背鳍后边有一段弯弯的白色区域，那是雄兽的标志。两片横生的尾鳍，如果站起来，很像立正站着的脚。当它缓缓游动时，体态优美，像个温文尔雅的绅士。虎鲸群大小不等，多者 30～40 头，少者 3～5 头。虎鲸胃口很大，有一

△ 虎　鲸

口锋利的牙齿，加上40千米/时左右的游泳速度，在海洋里称王称霸。有的种群主要食鱼类和海兽，有些种群主要食鱼类或主要食海兽。

虎鲸捕食有一套妙计，它们会动脑筋，会组织起来发挥集体力量。加拿大有位鲸类专家亲眼见过虎鲸“围网捕鱼”的壮观场面。3群虎鲸像放羊一样秩序井然地赶着大大小小的鱼群，不久，虎鲸围成一个大圆圈，把鱼群围在中间，然后虎鲸开始像跳舞一样，一对跟着一对地轮流冲进圆圈中心，对着鱼群择肥而噬。待所有的鱼都吃光了，虎鲸才自动散去。南极的虎鲸爱吃企鹅，在海水中，它们能轻而易举地将猎物捕捉住。对付冰上的企鹅，它们也有妙计。它们找到冰块薄弱部分，用它的鼻子把冰压裂，这样冰的另一边就会慢慢翘起来，使上面的企鹅滑向冰底处，正好落到水面虎鲸张开的大嘴里。

基本小知识

尖吻鲸

尖吻鲸亦称小温鲸，属哺乳纲须鲸科。在俄罗斯远东水域栖息的小温鲸有两个种群，即加利福尼亚楚科奇种群和鄂霍次克朝鲜种群。尖吻鲸广布于萨哈林东北大陆架、彼尼登海湾、朝鲜群岛、日本海水域。

虎鲸过着群居生活，实行的是“母系制”。典型的虎鲸群的成员有：祖母、母鲸和它的子女、孙儿孙女等。年幼的雄鲸是在母系制家族中成长的，和其他动物不同，它们是不会离开自己家族的。只有当两个不同的虎鲸群相遇时，雌雄鲸之间才会交配。雄鲸跟雌鲸交配的权力是平等的，没有强弱之分，绝不会发生因争夺配偶而展开残酷撕杀的情况。

海洋动物学家发现，在一天中，虎鲸家族成员总有两三个小时静静待在水的表层，露出巨大的背鳍，它们的胸鳍经常保持接触，显得亲热和团结。据他们观察，这是虎鲸扎营睡觉的姿势。在睡眠和休息时，虎鲸必须保持一定程度的清醒，不然一不小心就会落入深渊，陷入险境。虎鲸为何能安然地漂浮在海面呢？因为它们的肺里有足够的空气。如果鲸群中有一头鲸因受伤或者发生意外而失去知觉，就必须依靠同伴的帮助。一般是祖母鲸或母鲸用自己的身子或头部托住它，使其漂浮在海面上。

虎鲸和陆地上的哺乳动物一样，需要呼吸新鲜空气。奇怪的是，鲸群所有成员几乎是同步进行呼吸的。科学家们发现，它们做 4 次短而浅的潜水，再做一次时间较长、入水较深的潜水。一头虎鲸潜水时，先用尾巴猛烈拍打平静的海水，然后头部入水，翘起白底尾叶，顿时水花四起。

最新研究表明，虎鲸是语言大师，它能发出 62 种不同的声音，而且不同的声音具有不同的含义。虎鲸在捕食大麻哈鱼时，会发出断断续续的“咔嚓”声。虎鲸通过回声去寻找鱼群，而且还能够判断鱼群的大小和游向。因为海洋深处黑暗，虎鲸在这种环境中捕食，只能靠发声来寻找猎物。

虎鲸还有一个有趣的习性：经常要游到卵石海滩擦身。它们用腹部紧贴在卵石堆上，上下左右不停地翻滚摩擦身子。它们时而翻筋斗，时而用下腭抵住石堆旋转，时而又斜着身摩擦其尾叶。擦身时间少则十来分钟，多则个把小时。虎鲸这样做，是为了除去身上的污物，因为新陈代谢的关系，由腐败皮层细胞构成的表皮如果长时间不除去，粗糙的表皮会逐渐增厚，这会使它们感到很不舒适。

生活在不同海区的虎鲸，甚至不同的虎鲸群，它们使用的语言音调有不同程度的差异，这很像人类的地方语言。有时，某一海区出现大量鱼群，虎鲸群会从四面八方汇集来觅食。但它们的叫声却不同。

水中“猴子”——海豚

海豚是海洋哺乳动物中最聪明的动物。海豚体长1.5～10米，躯干呈纺锤形，体型圆滑、流畅，头部特征显著，喙前额头隆起，有弯如钩状的背鳍。

广角镜

·齿　鲸·

齿鲸的口中具有圆锥状的牙齿，但不同种类的齿鲸牙齿的形状、数目相差也很大，最少的仅具有1颗独齿，最多的则有数十颗，有的还隐藏在齿龈中不外露。所以，牙齿也是对其进行分类的重要依据之一。

海豚比猴子还要聪明。有些技艺，猴子要训练几百次才能学会，而海豚只需20次左右就可以学会。海豚经人训练后可以表演各种技艺，如空中接食、钻水圈、救护、顶球、跳高等，它们是海洋水族馆中最逗人喜爱和受欢迎的角色。

人们不禁要问，为什么海豚比其他动物聪明呢？科学家经过长期研究发现，海豚的大脑要比其他动物发达得多。

一只成熟的海豚，其脑重占体重的1.2%，而黑猩猩才只占

海　豚

0.7%。海豚单位体长的脑重也比黑猩猩大，海豚为0.55千克/米，黑猩猩只有0.21千克/米。这就是说，海豚有比黑猩猩多得多的脑组织来控制每一米的身长。海豚脑发达还表现在其形如核桃仁，上面有许多深沟。科学家们认为，这就是海豚比猴子和猩猩还要聪明的原因，是它能够容易学会各种动作如打乒乓球、跳火圈、托球等的原因。

1965年，美国太平洋沿岸的一个海洋公园曾发生了一件十分有趣的事情。一天，海豚馆的工作人员把水池的水位降得很低，好给那些“水中居民”注射预防针。当工作人员抱住一条海豚正要给它注射时，它不知是害怕还是别的原因，忽然发出一系列呼救的哨音信号。隔壁水池中的一条伪虎鲸立即赶了过来，它温文尔雅但却固执地把嘴巴伸到海豚和工作人员的胳膊之间，直到受惊的海豚挣脱为止。然后伪虎鲸就护着它游到水池的另一端，丝毫没有伤害它的意图。面对这种情况，就连驯育员也束手无策。后来，人们用调虎离山计把伪虎鲸引走，迅速给小海豚打完了针。等到那位“大哥”赶来时，一切都结束了。

这个事例可以看出，海豚和伪虎鲸之间是通过某种语言在对话的。当然，海豚即使再聪明，语言也不会像人类那么丰富。但我们也不能因为不懂海豚的语言，就否定它们有语言的存在。今天看来，人们面对千变万化的动物界，认为语言是人类独有的看法应改变。

不少科学家正在努力研究和解释海豚的语言，也在试验人与海豚对话的可能性。让我们通过下面几个事例，看看人与海豚的对话吧！

基本小知识

哨音

哨音俗称海豚音，是一种声乐的发声方式，为人类可以发出的音频最高的声音。由于这种声音好像哨子声般，所以称为“哨音”。

经过 18 个月的教育训练，一只海豚学会了 25 个单词，其中有 11 个物质名词、7 个动词和其他一些相当于副词和形容词之类的词，还学会了 3 个词组成的句子。举个例子，当教导员发出“铁环——找——球”的声音时，它马上就领会到这是叫它在水池里寻找铁环，再放到球上。反之，教导员把句子颠倒一下，变成“球——找——铁环”，那么海豚就在水池里找球，继而把球放到铁环上。

从语言的角度来看，最使人感到振奋的是海豚能够直接扩大对物体或新动作的认识。比方说，“鱼”既是食物，又是一个物体，海豚接受“找——鱼”的训练时，它不但不会把鱼吃掉，而且会把鱼送到教导员跟前，只有当教导员把这鱼作为奖励品时，它才高高兴兴地享用。再比如，“通过”一词，过去只是和“铁环”连用过，可是当教导员说出“通过——门”的句子时，海豚一点也不糊涂，而是正确地从门游了过去。更有趣的是，如果把门关着，它们知道先把门打开再通过。同样，水池里如果站着一个潜水员，教导员说“通过——人”，海豚会从潜水员两腿之间穿过去。这表明海豚在教导员的苦心教育下，已经理解这些词的含意了。这证明人与海豚建立语言的交流，具有一定的可能性。但人理解海豚的语言要比海豚理解人的语言还要困难。

对海豚语言方面的研究，成就最突出的是日本的黑木敏郎教授，他发现海豚语言和人类语言相似，既有“普通话”，又有“方言”，他认为大西洋海豚经常使用的语言有17种，太平洋海豚经常使用的有15种，其中有9种是它们之间的通用语言。通用的为“普通话”，不通用的则为“方言”。在这些海豚间是否有更聪明的海豚来充当“方言翻译”，这一点至今没有得到证实。

会动用工具的水下生物——海獭

海獭主要生活在白令海和加利福尼亚沿海。这是一种相貌与水獭很相似的动物，与水獭比较起来，海獭的体型要大些，体长超1米，体重30~45千克，整个身体像一个圆筒，尾巴扁平较长，约占身体的1/4。海獭的后足非常发达，又短又宽，趾间有蹼。它耳朵的位置特别低，基部位于嘴角的水平位置。又短又钝的吻部长有白色触须。头部的毛色呈浅褐色，身体的毛色为深褐色。

长期栖居海洋中的食肉动物并不多，海獭算是其中之一。海獭具有顽强的生命力，它不像海豹那样具有厚厚的脂肪，以抵御冬天的寒冷。在北太平洋冰冷的海洋里，为了保持身体的热量，它需要不停地运动，不断地进食。除此之外，浑身上下极好的皮毛可帮助它度过严冬。它的毛皮不仅极其致密保温，而且还能把空气吸进毛里，形成一个保护层，使冷水不能接近皮肤，寒气不能侵入。

海獭一般在浅水中觅食，主要以海胆、海蛤为食，也吃石鳖、鲍鱼、乌贼等。即使在波涛汹涌的海岸，海獭也照食不误。它能准确地判断两次海浪冲击的间隔时间，并且把握时机，从岸边的礁石上把贻贝一个个揪下来。当前一个浪头拍岸后，海獭及时跳上岸，忙碌地挑选食物，当下一个浪头袭来之前，它又急忙跳进海里。这种大胆、谨慎、准确的行动能力是其他动物所不及的。

海　獭

不仅如此，海獭还是一种非常聪明的动物，它可以借助工具达到自己的目的。每当它潜入海底，捞到几个海蛤，就把它们塞入肚皮褶里，然后再拾起一个石块，浮上水面，或者在浅水中、海滩上先选好石头，并将拣来的石块夹在腋窝下到处“周游”寻找食物。取食的时候，海獭仰面或浮在水面上，或仰卧在地上，将拾到的石块平放在腹部，用前爪紧紧抓住猎物在石块上敲打，直到打碎硬壳，吃到鲜美海味。令人惊奇的是，人们发现海獭所选的全部是方形或长方形的扁平石块，很少选择圆形的石块。道理很简单，圆形的石块容易从海獭的腹部滚下来，而扁平的石块却能稳定地放在它们的腹部，海滩上的石块多半是圆溜溜的鹅卵石，扁平的石块十分难寻。这说明海獭不仅会使用工具，而且还会选择工具。

一般情况下，海獭喜欢群居，与其他动物不同的是，它们喜欢和自己的同性伙伴在一起。雄性海獭之间偶尔会发生争斗，但冲突不会持续很长时间，多数情况下，海獭们会在一起相互嬉戏、打闹。

繁殖期间，一对对有情的雌雄海獭离开各自的群体，寻找僻静、不受干扰的地方，建立自己的安乐窝。但是海獭夫妻只有 3 天婚期，当它们交配之后，雌海獭便离开丈夫，回到自己原来的队伍中。

怀孕的雌海獭需要经过9~10个月的妊娠期才能生下小海獭，刚刚来到这个世界上的小海獭浑身布满浓密的绒毛，它不需要母亲的帮助，便可以在水中漂浮。在母亲的指导下，经过艰苦的训练，小海獭掌握了潜水、捕食的本领，不久就可以去寻找食物了。

在所有的兽类毛皮中，海獭皮十分贵重，一件海獭皮大衣价值数万美元。这使海獭曾一度遭受大量捕杀，资源受到严重破坏。20世纪20年代，太平洋各岛上的海獭已所余无几，后因多国的保护协议，才使其数量有所回升，目前许多国家已经开始饲养海獭并对人工繁育海獭进行研究，而且人工饲养海獭已获得成功。

非兽非鱼的动物——海豹

海豹是哺乳动物，在动物分类学中属于鳍足目海豹科。海豹大家族的家庭成员有19种，其中包括斑海豹、灰海豹、僧海豹等。海豹广泛分布于世界各大洋，在北半球寒带海域多，在南极和温带海域少。

海　豹

海豹有一双扣子般乌黑发亮的眼睛，圆圆的头覆盖着光滑的皮毛，胖墩墩的身体在陆地上运动起来像一只巨大的蠕虫，其模样憨实可爱。别看它在陆地上显得有些笨拙，到了水中却是游刃有余，旋转、疾驰，一对有力的后鳍推动着它如同鱼雷似的身体。海豹还是潜水能手。由于它的鼻孔和耳朵孔都有活动的瓣膜，潜水时关闭，可以保证它在水中待上5~8分钟不换气也不会出问题。海豹一生大部分时间待在水中，只有繁殖、哺乳、换毛时才爬上岸或冰块。

海豹的食物主要是鱼、甲壳类和贝类，偶尔也吃幼鸟和鸟卵。我国的渤海湾，有丰富的鱼虾资源和较低的水温，是海豹觅食和休息的良好场所。

生活在我国渤海湾一带的海豹，每年1—2月份开始产仔，一只雌海豹一年只产一仔，而且将仔产在浮冰上。初生的小海豹大约有5千克重，遍体有白色乳毛，这种颜色与冰浑为一色，是天然的保护色。每年立春前，从辽河口向南漂来一排排冰块，常有海豹在上面哺乳和休息，冰块在辽阔的海中随着风浪漂移。

雌海豹产下幼海豹的最初几天，时时刻刻守候在孩子的身边，寸步不离，给小海豹喂奶，让它适应生存的环境。10天之后，哺乳期结束，海豹妈妈便开始教小海豹谋生的技能，不久之后小海豹就可以独立生活。

基本小知识

海　豹

海豹身体粗圆，呈纺锤形，体重20~30千克。全身披短毛，背部呈蓝灰色，腹部呈乳黄色，带有蓝黑色斑点。头近圆形，眼大而圆，无外耳廓，吻短而宽，上唇触须长而粗硬，呈念珠状，牙齿尖利。四肢均具5趾，趾间有蹼，形成鳍状肢，具锋利爪。后鳍肢大，向后延伸，尾短小而扁平。

海豹数量的急剧下降引起了科学家们的注意，并致力于寻找海豹的死因。目前科学家们认为，海豹数量的急剧下降除大肆捕杀之外，还有两个重要的原因：一是环境污染，二是病毒感染。

环境污染给所有的生物带来了巨大的灾难，海豹也在劫难逃。海豹的食量很大，60 千克的成兽，每天要吃掉 10 千克的食物，它们最喜欢吃鱼类和软体动物，如乌贼、章鱼，这些生物被海面上的废弃物污染，海豹摄入大量被污染的食物，有毒物质在体内积累，对海豹的健康和繁殖带来很大的影响。例如，水银一类含有汞的有毒物质进入海豹体内，在雌性子宫内积累，妨碍卵子和精子结合，使海豹繁殖力降低。由于有毒有害物质在体内滞留，海豹的免疫力下降，一些细菌、病毒乘虚而入。据荷兰科学家奥斯塔夫教授分析，海豹在短时间内大量死亡与 3 种病毒有关，即犬瘟热病毒、艾滋病病毒和麻疹病毒。研究人员还在海豹的肺部发现了导致肺炎的一种类似寄生虫的小虫子。

目前，保护海豹的工作在许多国家和地区已经开展起来。尽管如此，科学家们认为，惩治捕杀海豹的行为和控制环境污染是保护海豹最有效的途径。

知识小链接

麻　疹

麻疹，初期表现为发热、咳嗽、流涕、眼结膜充血、畏光等，2～3 天后口腔出现麻疹黏膜斑。病毒可经飞沫传播或直接接触感染者的鼻咽分泌物传播。患病后一般可终身免疫。

海中的四脚动物——海狗

陆地上四脚动物太多了，海洋里有四脚动物吗？有，海狗就是。因为长时间生活在海洋里，海狗的四肢变成了鳍状，但它仍然离不开陆地，在生殖、换毛、休息时，它都要到陆地上来。

海狗

每年繁殖季节，雄海狗陆续上岸，先经过一场剧烈的生殖地盘的争夺战，胜利者各据一方，划定自己的势力范围，等待雌海狗上岸。大批雌海狗上岸进入雄海狗的独立王国内，构成了一个“一夫多妻”的家庭。这种群居现象在动物学上称作“多雌群”。一头雄海狗可以拥有十到上百头雌海狗。雌海狗进入雄海狗的领地之后，不久便会把去年怀上的小海狗生下来。雌海狗产仔后不久，就可与雄海狗交配并再次怀孕。整个生殖季节，雄海狗不吃不喝，每天忙于交配，主要依靠体内积存的脂肪来维持巨大的消耗。小海狗在母海狗的哺育下，一天天长大，母海狗开始带领它们下水。这时昼夜守着领地的雄海狗已累得筋疲力尽，也开始下海觅食。

海狗分布于世界各海域，以北太平洋寒冷水域最多。我国沿海也有少量海狗。

贪食聪明的动物——海狮

海狮有 10 余种，体型最大的要算北海狮了。雄性北海狮体长可超过 3 米，体重可达 1 000 千克。我们平时看到会顶球的海狮是加州海狮。成年的雄狮颈部周围生有长的鬣毛，其叫声也极像狮吼，因而有“海中狮王”之称。

海 狮

北海狮是海狮科中最大的一种，它虽然体壮强悍，但有时却胆小如鼠，在岸上活动时，哪怕是风吹草动，也会立即入海。睡眠时，它们也不放松警惕，总要有一两只站岗放哨，发现危险会立即发出信号，告知同伴赶紧逃跑。有人曾做过试验，把值班的海狮用麻醉箭射中，看看其他海狮会有什么反应。结果发现，值班海狮一倒下，周围其他海狮立即围了过来，其中一只嗅到麻醉箭的气味后迅速发出警报，吼叫起来，睡意正浓的整群海狮随之一哄而起，向海里逃去。

海狮这种警觉性靠的是什么呢？简单说，是靠它满脸的胡子。海狮浓密胡子的基部，布满了纵横交错的神经，其复杂程度超过了像猫那样敏捷的陆生哺乳类动物。这些与神经密切相连的胡子，有很强的触觉作用，是一个具有较高精确度的声音感受器。

海豚有精巧的回声定位系统，而海狮也能通过声带向所处环境发射一系列声音信号，然后收集目标反射回来的回声，以此对目标的大小和形状获得一个精确的印象。科学家做过试验，在8米左右的距离内，海狮能分辨出牛排和鱼形象的不同。回声是靠什么监听的呢？就是它的胡子。

海狮也是个很贪食的动物，它主要吃乌贼和鱼类，而且食量惊人。性成熟的雄性海狮在人工饲养下，一天可吃40千克鱼，它一口就能吞下3千克的鱼。在自然海区里，它每天的食量要比人工饲养时多3~4倍。

基本小知识

乌　贼

乌贼，又称墨斗鱼或墨鱼，是软体动物门头足纲乌贼目的动物。乌贼遇到强敌时会以“喷墨”为逃生的方法，以趁机离开。其皮肤中有色素小囊，会随“情绪”的变化而改变颜色和大小。

海狮在生殖季节，要回故乡陆地繁殖。因此，它们不惜迢迢千里，跨洋过海，奔向目的地，在它们大量集中的地方形成繁殖场。

海狮是多配偶动物，一到生殖季节，年富力强的雄海狮首先赶到繁殖场，在岩石和礁上割疆而治。它们各自控制一块地盘，不准其他雄海狮侵入，等待雌海狮的到来。约1周之后，雌海狮就陆续上岸了。这些到来的“新娘”，一个个都大腹便便，是即将临产的孕海狮。原来它们还怀着上次交配后生成的胎儿。

孕海狮们分别进入各雄海狮的占领区后，形成了一头雄海狮和若干雌海狮自由结合的独立王国，即生殖群或多雌群。生殖群中雌海狮一般有10~20头，雄海狮身体越强壮，占有的雌海狮头数就越多。有的科学家曾发现，一头雄海狮占有 108 头雌海狮，雄海狮的个头是雌海狮的 5 倍多。

多雌群形成之后，雌海狮便生下胎儿，没有休息几天，雄海狮就迫不及待地向它们求爱了。海狮的生育方式与众不同，雌海狮产后并无一定的不孕期，而是紧接着就交配，而且交配得越早受孕率越高。生殖期间，雌海狮受孕后就退出多雌群，后期上陆的雌海狮便陆续往里补充。而此时雄海狮却一直不下海，不吃不喝，每天交尾多达 30 次。

海狮为什么要组成多雌群呢？这是因为它们在苍茫大海上各居一方，雌雄难得相见，为提高妊娠率，就需要众多海狮在繁殖期间返回诞生地，钟情相会，自择配偶。这样才能使种族延续获得保障。

初生的小海狮身体被厚密的绒毛裹住，能睁眼、能活动，跟母海狮待在一起，分散在生殖场的各个角落。母海狮要挪动位置时，就像老猫叼小猫一样，把小海狮衔在口里带走。

雌海狮产后 5 周即下海觅食，每隔 4 ~ 9 天回来一次。也许有人会问：生殖场有成百上千只小海狮，母海狮是怎么认出自己的子女呢？据科学家观察，当母海狮上陆后，先是连声高叫，小海狮听到这亲切的呼唤后也立即应声回答，并急切地朝母海狮的方向奔去。此时尽管生殖场叫声此起彼伏、熙熙攘攘，但母子间的声音彼此很熟悉，也能辨别得一清二楚。它们相互之间除了靠声音交流外，再辅以嗅觉，把鼻子伸到对方身上闻气味，一旦相认无疑，小海狮便开始喝奶。

母海狮对自己的子女关爱备至，而对同伴的子女却冷酷无情，从不代为哺乳。有时母海狮下海寻食时间太长，小海狮饥饿难忍，就去找其他母海狮讨奶吃，其他母海狮就会气势汹汹地恐吓小海狮，用头把它顶开，若小海狮再纠缠，其他母海狮就会把小海狮咬着向远处扔去。

冰海的主人——海象

海象是北冰洋的“主人”，它那圆柱状的体型，肥大粗壮，大者体长 4 米多，体重超 1 000 千克。它皮厚而多皱，全身披着短而稀疏的刚毛，体色棕灰，没有尾巴。海象的头小、眼小，视力很差，终日用它那突出嘴外的长牙翻开海底的泥沙掘食贝类。它们的食量相当大，一次进食最多可吃下 50 千克的食物。海象的长齿不仅是挖掘食物的工具，也是御敌和进行攻击的锐利武器。在缺乏食物的海区，饥饿的海象就用这对长利齿捕食海豹和鲸来填饱自己的肚子。

海　象

海象的生殖方式，基本上跟海狮相同，也是多雌群的“一夫多妻制”。

10 月，雌海象开始产仔，通常只产 1 仔。小海象身披黑色绒毛，非常可爱。到了 11 月中旬或下旬，哺乳期结束，小海象自己组成“幼儿园”，聚集在一起生活。小海象长至成年后开始交配，“大家庭”逐渐瓦解，“夫妻”“子女”各奔东西，到海中觅食去了。待到翌年 9—10 月，海象们又另求“新欢”，组织新的“大家庭”了。

受伤的海象表现出惊人的狂暴，它会用背把小艇驮起，用利齿啃咬船舷，或者把人掀入冰冷的海水中。当小海象受到攻击时，它的“家人”会奋不顾身与敌拼杀，保护小海象的安全。

海象的寿命一般为30～40年。雌性长到5岁成熟，雄性长到6岁成熟。

北极冰原巨无霸——北极熊

北极熊，又名白熊，生活和漫游于北极海域。叫它白熊，是因为它全身披着白毛。北极熊只生活在北极，善于在海中游泳，可以在离岸300千米的海中沉浮。北极熊觅食时，大部分时间在冰上度过，它进入海洋的时间较短，是一种“仿海洋兽”哺乳动物。北极熊在冰窟里捕鱼，在浮冰上猎海豹。别看它身躯庞大，笨里笨气，可看准猎物之后，既凶狠又灵活。

北极熊

当秋天降临北极时，母熊便开始成群结队地聚集在小岛的海边雪堆中挖洞筑窝，母熊藏身窝中下崽。洞口附近，堆着一堵雪墙，以抵挡风雪，雪积多了，洞口几乎被堵严，洞里面较暖和，洞内温度总是保持在0℃以上。这是因为冷空气被雪墙和雪门隔绝，加上母熊体躯壮大，放出的热量使得窝内格外温暖，母熊便在温暖的窝中生育熊崽。初生的熊崽只有老鼠大小，身上的毛稀稀落落，它整天偎依在母熊的怀中取暖，母熊依靠消耗体内储存的大量脂肪来哺育熊崽，并在窝内半醒半睡地度过冬天，到第二年的4月前后才出洞觅食。

北极熊是否要冬眠呢？科学家经过长期观察研究发现，北极熊是否要冬眠是由食物来决定的。北极熊之所以要冬眠，不仅是为了防寒，而且也是为了度过严寒冬季缺乏食物的困境。这是动物适应客观环境的一种本能。能找到足够食物的北极熊就不冬眠，找不到食物它就要冬眠。

知识小链接

北极熊

北极熊是世界上现存体形最大的食肉动物，又名白熊，按动物学分类属哺乳纲熊科。雄性北极熊身长240~260厘米，体重一般为300~600千克。而雌性北极熊体型约比雄性小一些，身长190~210厘米，体重200~400千克。

蛙、龟、蛇等动物是变温动物，体温随着外界温度的下降而下降，其新陈代谢也随之变慢，因而冬眠。但北极熊的冬眠却是在秋天吃足食物后，钻进窝中进入半休眠状态，其体温并不下降，新陈代谢机能也不会变慢，但能量消耗却会减少，以此来度过食物缺乏的严冬。母熊进洞产仔，是母性的特性和职责，与食物的丰欠无关。

北极熊为何能如此耐寒呢？科学研究发现，秘密就在它有很厚的皮下脂肪层和很难渗进冰水的毛，这种毛会形成空气层，起着良好的保温作用。北极熊的耳朵和尾巴都很小，从身体表面散发的热量很少，所以北极熊的整个身体是适合于保存热量的。

最古老的哺乳动物——鸭嘴兽

鸭嘴兽

鸭嘴兽是奇特的动物，分布于澳大利亚东部和塔斯马尼亚岛。它是古老而又原始的哺乳动物，早在2 500万年前就出现了。它本身的构造，提供了哺乳动物由爬行类动物进化而来的许多证据。

它的体温很低，而且能够迅速波动。鸭嘴兽是少数能产生毒液的哺乳动物之一。雌雄鸭嘴兽在出生时脚踝上都有毒距，但只有雄性鸭嘴兽能分泌毒液，雌鸭嘴兽的毒距不发育，1岁时即脱落。

鸭嘴兽生长在河、溪的岸边，它的大多时间都在水里，皮毛有油脂，能使它身体在较冷的水中仍保持温暖。它以软体虫及小鱼虾为食。它的天敌是蛇、鳄鱼、巨蜥和猛禽等。

鸭嘴兽的生殖是在它所挖的长隧道内进行的。它一次产1～3枚

知识小链接

鸭嘴兽

鸭嘴兽是最原始的哺乳动物之一，它的尾巴扁而阔，前、后肢有蹼和爪，适于游泳和掘土。鸭嘴兽穴居在水边，以蠕虫、水生昆虫和蜗牛等为食。笼养状态下，鸭嘴兽能活到17岁。

卵，卵在子宫内发育28天，再在体外孵化10天。刚孵出的幼兽长约2.5厘米，6个月的小鸭嘴兽就得学会独立生活，自己到河床底觅食了。

鸭嘴兽能潜泳，常把窝建造在沼泽或河流的岸边，洞口开在水下，包括山涧、死水或污浊的河流、湖泊和池塘。它在岸上挖洞作为隐蔽所，洞穴与毗连的水域相通。它是水底觅食者，取食时潜入水底，每次潜水可持续30秒，用嘴探索泥里的贝类、蠕虫、甲壳类小动物、昆虫幼虫，以及其他多种动物性食物。

单独散居的动物——水貂

水　貂

水貂主要栖息在河边、湖畔和小溪，利用天然洞穴营巢，巢洞长约1.5米，巢内铺有鸟兽羽毛和干草，洞口开设在有草木遮掩的岸边。它们喜欢吃鱼、虾、蛙、蛇、野鼠、野兔及鸟类，有时也以植物果食为食。水貂听觉、嗅觉灵敏，活动敏捷，善于游泳和潜水，常在夜间以偷袭的方式猎取食物，性情凶猛。除交配和哺育仔貂期间，均单独散居。

一般认为，过度捕猎和生态环境遭到破坏是导致水貂生存受到威胁的主要原因。但考虑到水貂的栖息范围很广，长期以来作为主要毛皮兽而遭过度捕杀，也许才是更主要的原因。目前在一些水貂分布范围内建立自然保护区，可对保护水貂起一定作用。

半水栖兽类——水獭

水獭是半水栖兽类。水獭体长560~800毫米，尾长300~400毫米，躯体长，呈扁圆形，头部宽而稍扁，吻短，眼睛突而圆，耳朵小，四肢短，趾间有蹼。水獭的体毛较长而密，有油亮光泽。水獭傍水而居，常独居，不成群，多居于自然洞穴，爱住在僻静堤岸有岩石隙缝、大树老根、蜿蜒曲折、通陆通水的洞窟；有时也栖息在竹林、灌丛中，一般有一定的生活区域。它们往往在一个水系内从主流到支流，或从下游到上游巡回觅食，亦能翻山越岭到另一条溪河，洪水淹洞或水中缺食时也常上陆觅食，滨海区的水獭尚有集群下海捕食的习惯。

水　獭

它们昼伏夜出，以鱼类、鼠类、蛙类、蟹、水禽等为主食；善于游泳和潜水。捕起鱼来像猫捉老鼠一样快捷，捕食前常在水边的石块上伏视，一旦发现猎物，即迅速扑捕。水獭主要以鱼类为食，占其摄食总量的80%以上。

基本小知识

水　獭

水獭是半水栖兽类，喜欢栖息在湖泊、河湾、沼泽等淡水区。水獭的洞穴较浅，常位于水岸石缝底下或水边灌木丛中。